图书+光盘+手机

三合一

多媒体学习方式

PowerPoint 2016

实战 从入门到精通

龙马高新教育 编著

超值版

U0338733

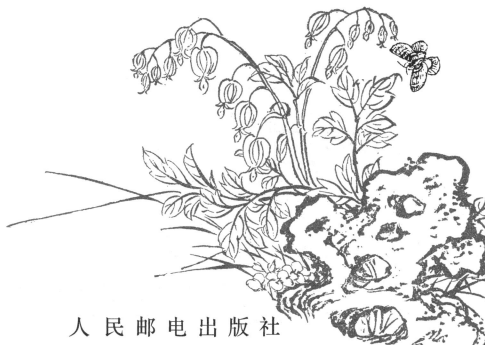

人民邮电出版社

北京

图书在版编目（CIP）数据

PowerPoint 2016实战从入门到精通：超值版 / 龙
马高新教育编著. -- 北京：人民邮电出版社，2017.5（2022.7重印）
ISBN 978-7-115-45051-7

Ⅰ．①P… Ⅱ．①龙… Ⅲ．①图形软件 Ⅳ.
①TP391.412

中国版本图书馆CIP数据核字(2017)第038120号

内 容 提 要

本书通过精选案例引导读者深入学习，系统地介绍了 PowerPoint 2016 的相关知识和应用方法。

全书共 14 章。第 1～2 章主要介绍 PowerPoint 2016 的基本操作以及文本的输入与编辑等；第 3～9 章主要介绍 PPT 的制作方法，包括设计图文并茂的 PPT、图形和图表的使用、模板与母版、添加多媒体、创建超链接与动作、添加切换与动画效果以及 PPT 的放映与打印等；第 10～12 章主要介绍 PPT 的实战案例，包括实用型 PPT、报告型 PPT 以及展示型 PPT 等；第 13～14 章主要介绍 Office 2016 的高级应用方法，包括 Office 2016 的共享与协作以及 Office 的跨平台应用等。

在本书附赠的 DVD 多媒体教学光盘中，包含了 10 小时与图书内容同步的教学录像及所有案例的配套素材和结果文件。此外，还赠送了大量相关学习内容的教学录像、Office 实用办公模板及扩展学习电子书等。

本书不仅适合 PowerPoint 2016 的初、中级用户学习使用，也可以作为各类院校相关专业学生和电脑培训班学员的教材或辅导用书。

♦ 编　著　龙马高新教育
　　责任编辑　张　翼
　　责任印制　彭志环

♦ 人民邮电出版社出版发行　　北京市丰台区成寿寺路 11 号
　　邮编　100164　电子邮件　315@ptpress.com.cn
　　网址　http://www.ptpress.com.cn
　　北京七彩京通数码快印有限公司印刷

♦ 开本：787×1092　1/16
　　印张：20　　　　　　　2017 年 5 月第 1 版
　　字数：540 千字　　　2022 年 7 月北京第 9 次印刷

定价：39.80 元（附光盘）

读者服务热线：(010)81055410　印装质量热线：(010)81055316
反盗版热线：(010)81055315
广告经营许可证：京东市监广登字20170147号

随着社会信息化的不断普及，计算机已经成为人们工作、学习和日常生活中不可或缺的工具，而计算机的操作水平也成为衡量一个人综合素质的重要标准之一。为满足广大读者的实际应用需要，我们针对不同学习对象的接受能力，总结了多位计算机高手、国家重点学科教授及计算机教育专家的经验，精心编写了这套"实战从入门到精通（超值版）"系列图书。

一、系列图书主要内容

本套图书涉及读者在日常工作和学习中各个常见的计算机应用领域，在介绍软硬件的基础知识及具体操作时，均以读者经常使用的版本为主，在必要的地方也兼顾了其他版本，以满足不同读者的需求。本套图书主要包括以下品种。

《Windows 7实战从入门到精通（超值版）》	《Windows 8实战从入门到精通（超值版）》
《Photoshop CS5实战从入门到精通（超值版）》	《Photoshop CS6实战从入门到精通（超值版）》
《Photoshop CC实战从入门到精通（超值版）》	《Office 2003办公应用实战从入门到精通（超值版）》
《Excel 2003办公应用实战从入门到精通（超值版）》	《Word/Excel 2003办公应用实战从入门到精通（超值版）》
《跟我学电脑实战从入门到精通（超值版）》	《黑客攻击与防范实战从入门到精通（超值版）》
《笔记本电脑实战从入门到精通（超值版）》	《Word/Excel 2010办公应用实战从入门到精通（超值版）》
《电脑组装与维护实战从入门到精通（超值版）》	《Word 2010办公应用实战从入门到精通（超值版）》
《Excel 2010办公应用实战从入门到精通（超值版）》	《PowerPoint 2010办公应用实战从入门到精通（超值版）》
《Office 2010办公应用实战从入门到精通（超值版）》	《PowerPoint 2016实战从入门到精通（超值版）》
《Office 2016实战从入门到精通（超值版）》	《Word/Excel/PowerPoint 2003三合一办公应用实战从入门到精通（超值版）》
《电脑办公实战从入门到精通（超值版）》	《Word/Excel/PowerPoint 2010三合一办公应用实战从入门到精通（超值版）》
《Word/Excel/PowerPoint 2007三合一办公应用实战从入门到精通（超值版）》	《Word/Excel/PPT 2016三合一办公应用实战从入门到精通（超值版）》

二、写作特色

📄 从零开始，循序渐进

无论读者是否从事计算机相关行业的工作，是否接触过PowerPoint 2016，都能从本书中找到最佳的学习起点，循序渐进地完成学习过程。

📄 紧贴实际，案例教学

全书内容均以实例为主线，在此基础上适当扩展知识点，真正实现学以致用。

📄 紧凑排版，图文并茂

紧凑排版既美观大方又能够突出重点、难点。所有实例的每一步操作，均配有对应的插图和注释，以便读者在学习过程中能够直观、清晰地看到操作过程和效果，提高学习效率。

📄 单双混排，超大容量

本书采用单、双栏混排的形式，大大扩充了信息容量，在300多页的篇幅中容纳了传统图书600多页的内容，从而在有限的篇幅中为读者奉送了更多的知识和实战案例。

📄 独家秘技，扩展学习

本书在每章的最后，以"高手私房菜"的形式为读者提炼了各种高级操作技巧，而"举一反三"栏目更是为知识点的扩展应用提供了思路。

📄 书盘结合，互动教学

本书配套的多媒体教学光盘内容与书中知识紧密结合并互相补充。在多媒体光盘中，我们仿真工作和生活中的真实场景，通过互动教学帮助读者体验实际应用环境，从而全面理解知识点的运用方法。

三、光盘特点

◎ 10小时全程同步教学录像

光盘涵盖本书所有知识点的同步教学录像，详细讲解每个实战案例的操作过程及关键步骤，帮助读者更轻松地掌握书中所有的知识内容和操作技巧。

◎ 超多、超值资源

除了与图书内容同步的教学录像外，光盘中还赠送了大量相关学习内容的教学录像、Office实用办公模板、扩展学习电子书及本书所有案例的配套素材和结果文件等，以方便读者扩展学习。

四、配套光盘运行方法

【1】 将光盘放入光驱中，几秒钟后系统会弹出【自动播放】对话框。

【2】 单击【打开文件夹以查看文件】链接以打开光盘文件夹，用鼠标右键单击光盘文件夹中的MyBook.exe文件，并在弹出的快捷菜单中选择【以管理员身份运行】菜单项，打开【用户账户控制】对话框，单击【是】按钮，光盘即可自动播放。

【3】 光盘运行后会首先播放片头动画，之后进入光盘的主界面。其中包括【课堂再现】、【龙马高新教育APP下载】、【支持网站】3个学习通道和【素材文件】、【结果文件】、【赠送资源】、【帮助文件】、【退出光盘】5个功能按钮。

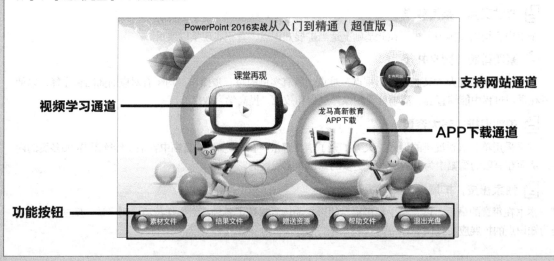

【4】 单击【课堂再现】按钮，进入多媒体同步教学录像界面。在左侧的章号按钮上单击鼠标左键，在弹出的快捷菜单上单击要播放的节名，即可开始播放相应的教学录像。

【5】 单击【龙马高新教育APP下载】按钮，在打开的文件夹中包含有龙马高新教育APP的安装程序，可以使用360手机助手、应用宝等将程序安装到手机中，也可以将安装程序传输到手机中进行安装。

【6】 单击【支持网站】按钮，用户可以访问龙马高新教育的支持网站，在网站中进行交流学习。

【7】 单击【素材文件】、【结果文件】、【赠送资源】按钮，可以查看对应的文件和学习资源。

【8】 单击【帮助文件】按钮，可以打开"光盘使用说明.pdf"文档，该说明文档详细介绍了光盘在电脑上的运行环境和运行方法。

五、龙马高新教育 APP 使用说明

【1】 下载、安装并打开龙马高新教育APP，可以直接使用手机号码注册并登录。在【个人信息】界面，用户可以订阅图书类型、查看问题及添加的收藏、与好友交流、管理离线缓存、反馈意见并更新应用等。

【2】 在首页界面单击顶部的【全部图书】按钮，在弹出的下拉列表中可查看订阅的图书类型，在上方搜索框中可以搜索图书。

〖3〗 进入图书详细页面，单击要学习的内容即可播放视频。此外，还可以发表评论、收藏图书并离线下载视频文件等。

〖4〗 首页底部包含4个栏目：在【图书】栏目中可以显示并选择图书，在【问同学】栏目中可以与同学讨论问题，在【问专家】栏目中可以向专家咨询，在【晒作品】栏目中可以分享自己的作品。

六、创作团队

本书由龙马高新教育策划，孔长征任主编，李震、赵源源任副主编。参与本书编写、资料整理、多媒体开发及程序调试的人员有孔万里、周奎奎、张任、张田田、尚梦娟、李彩红、尹宗都、王果、陈小杰、左琨、邓艳丽、崔姝怡、侯蕾、左花苹、刘锦源、普宁、王常吉、师鸣若、钟宏伟、陈川、刘子威、徐永俊、朱涛和张允等。

在本书的编写过程中，我们竭尽所能地将最好的内容呈现给读者，但也难免有疏漏和不妥之处，敬请广大读者不吝指正。读者在学习过程中有任何疑问或建议，可发送电子邮件至zhangyi@ptpress.com.cn。

编者

目录 Contents

第 1 章　PowerPoint 2016 的基本操作

本章视频教学时间：23分钟

PowerPoint 2016是微软公司推出的Office 2016办公系列软件的重要组成部分，主要用于幻灯片的制作。本章就先帮助用户了解PowerPoint 2016。

第 2 章　文本的输入与编辑

本章视频教学时间：28分钟

本章主要介绍PowerPoint 2016中文本的输入及编辑方法，包括文字字体、字号、颜色、文本段落及项目符号和编号的设置等内容。这些基本知识的学习可以帮助读者更好地进行演示文稿的制作。

第3章 设计图文并茂的 PPT

本章视频教学时间：39分钟

美化幻灯片是PowerPoint 2016的重要功能，图文并茂的PPT会更加吸引人。本章介绍使用艺术字、表格和图片美化PPT的操作。

第4章　图形和图表的使用

 本章视频教学时间：42分钟

图形和图表可以使幻灯片的内容更加丰富。使用图形和图表也有助于提高工作效率。本章将介绍绘制和编辑图形的操作以及SmartArt图形的使用方法。

第5章　模板与母版

 本章视频教学时间：21分钟

模板为用户提供了一个便于应用的版式框架，可以依模板方便地填入标题和正文内容。母版可以进行所有幻灯片的全局更改，快捷方便。

本章视频教学时间：17分钟

PowerPoint 可以创建完美的多媒体演示文稿，使幻灯片更富有感染力。本章就来介绍在 PowerPoint 2016中添加多媒体文件的方法。

本章视频教学时间：13分钟

在PowerPoint 2016中，使用超链接可以从一张幻灯片转至另一张幻灯片。本章介绍了超链接和动作的创建方法。在播放演示文稿时，通过超链接可以快速地转至需要的页面，可以使幻灯片更吸引观众。

第8章　添加切换与动画效果

📽 **本章视频教学时间：19分钟**

适当的动画和切换效果，能更生动形象地展示演示文稿，也可以使一些复杂内容逐步显示，从而达到更好的播放效果，便于观众理解。

第9章　PPT的放映与打印

📽 **本章视频教学时间：30分钟**

制作的PPT主要是用来给观众进行演示的，掌握幻灯片播放的方法与技巧并灵活使用，可以达到意想不到的效果。此外，还可以将制作完成的演示文稿打印出来长期保存。

高手私房菜 **175**

第 10 章　将内容表现在 PPT 上——实用型 PPT 实战

本章视频教学时间：1小时16分钟

PPT的灵魂是"内容"。在使用PPT向观众传达信息时，首先要考虑内容的实用性和易读性，力求做到简单（使观众一看就明白要表达的意思）和实用（观众能从中获得有用的信息）。特别是用于讲演、课件、员工培训、公司会议等情况的PPT，更要如此。

第 11 章　让别人快速明白你的意图——报告型 PPT 实战

 本章视频教学时间：1小时9分钟

烦琐、大量的数据容易使观众产生疲倦感和排斥感，可以通过各种图表和图形，将这些数据以最直观的形式展示给观众，让观众快速地明白这些数据之间的关联以及更深层的含义，为抉择提供依据。

第 12 章　吸引别人的眼球——展示型 PPT 实战

本章视频教学时间：1小时29分钟

PPT是传达信息的载体，同时也是展示个性的平台。在PPT中，你的创意可以通过内容或图示来展示，你的心情可以通过配色来表达。尽情发挥你的创意，你也可以做出令人惊叹的绚丽PPT。

第 13 章　Office 2016 的共享与协作

本章视频教学时间：51分钟

Office组件之间可以通过资源共享和相互协作，实现文档的分享及多人调用，以提高工作效率。共享与协作可以发挥Office办公软件的最大能力。本章主要介绍Office 2016组件共享与协作的相关操作。

高手私房菜 **310**

第 14 章 Office 的跨平台应用——移动办公

本章视频教学时间：20分钟

使用移动设备可以随时随地进行办公，轻轻松松甩掉繁重的工作。本章介绍如何将电脑中的文件快速传输至移动设备中，以及使用手机、平板电脑等移动设备办公的方法。

高手私房菜 **319**

DVD 光盘赠送资源

1. Office 2016软件安装教学录像

2. Windows 10操作系统安装教学录像

3. 9小时Windows 10教学录像

4. Word/Excel/PPT 2016技巧手册

5. 移动办公技巧手册

6. 2000个Word精选文档模板

7. 1800个Excel典型表格模板

8. 1500个PPT精美演示模板

9. Office 2016快捷键查询手册

10. Excel 函数查询手册

11. 电脑技巧查询手册

12. 网络搜索与下载技巧手册

13. 常用五笔编码查询手册

14. 电脑维护与故障处理技巧查询手册

15. 7小时Photoshop CC教学录像

16. 教学用PPT课件

17. 本书所有案例的配套素材和结果文件

第1章

PowerPoint 2016 的基本操作

 本章视频教学时间：23 分钟

PowerPoint 2016 是微软公司推出的 Office 2016 办公系列软件的重要组成部分，主要用于幻灯片的制作。本章就先帮助用户了解 PowerPoint 2016。

【学习目标】

通过本章的学习，读者可以了解 PowerPoint 2016 的基本操作。

【本章涉及知识点】

- 制作优秀 PPT 的方法
- 优秀 PPT 的结构及设计理念
- 添加、复制幻灯片
- 移动、删除幻灯片
- 保存幻灯片

1.1 如何制作一份优秀的PPT

 本节视频教学时间：6分钟

在介绍PowerPoint之前，首先通过几张幻灯片页面来了解一下什么是优秀的PPT。

1.1.1 优秀的PPT能带给你什么

当前，PPT在工作和学习中的使用频率越来越高，其重要性也越来越凸显。比起动辄几十页的Word文件，几页就能展示要点，并提供更丰富的视觉化表达方式的PPT成为更多人士的首选。一个优秀的PPT能给使用者和观众带来双重的成功与收获。

一份优秀的PPT报告，可以打造一鸣惊人的效果，有效帮助用户提高工作效率。通常，做幻灯片是为了工作需要，为了客户需要。精彩的PPT报告，可以实现有效沟通、使观众容易接受，从而帮助作报告的人取得好的工作成绩，在职场上一步一步走向成功！

1.1.2 优秀PPT的关键要素

一个优秀的PPT往往具备以下4个要素。

1. 目标明确

制作PPT通常是为了追求简洁、明朗的表达效果，以便有效地协助沟通。因此，一个优秀的PPT必须先确定一个合理明确的目标。

明确了目标，在制作PPT的过程中就不会偏离主题，制作出多页无用内容的幻灯片，也不会在一个文件里面讨论多个复杂问题。

2. 形式合理

PPT主要有两种用法：一是辅助现场演讲的演示，二是直接发送给观众自己阅读。要保证达到理想的效果，就必须针对不同的用法选用合理的形式。

如果制作的PPT用于演讲现场，就要全力服务于演讲。制作的PPT要多用图表和图示，少用文字，以使演讲和演示相得益彰。此外，还可以适当地运用特效及动画等功能，使演示效果更加丰富多彩。

发送给多个人员阅读的演示文稿，必须使用简洁、清晰的文字引领读者理解制作者的思路。

3. 逻辑清晰

制作PPT的时候既要使内容齐全、简洁、清晰，又必须建立清晰、严谨的逻辑。做到逻辑清晰，可以遵循幻灯片的结构逻辑，也可以运用常见的分析图表法。

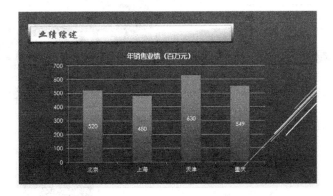

在遵循幻灯片的结构逻辑制作幻灯片时，通常一个PPT文档会包括10~30张幻灯片，有封面页、结束页和内容页等。制作的过程中必须严格遵循大标题、小标题、正文、注释等内容层级结构。

运用常见的分析图表法可以便于带领观众共同分析复杂的问题。常用的流程图和矩阵分析图等可以帮助排除情绪干扰，进一步理清思路和寻找解决方案。通过运用分析图表法可以使演讲者的表述更清晰，也更便于观众理解。

4. 美观大方

要使制作的PPT美观大方，具体可以从色彩和布局两个方面进行设置。

色彩是一门大学问，也是一个很感观的东西。PPT制作者在设置色彩时，要运用和谐但不张扬的颜色搭配。可以使用一些标准色，因为这些颜色都是大众容易接受的颜色。同时，为了方便辨认，制作PPT时应尽量避免使用相近的颜色。

幻灯片的布局要简单、大方，将重点内容放在显著的位置，以便观众一眼就能够看到。

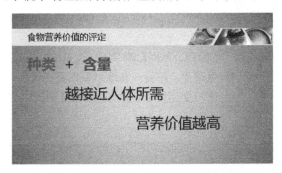

1.1.3 我做的PPT为什么得不到好评

PPT是否优秀的关键在于其设计思维，一个没有理解PPT设计思维的制作者做出的PPT往往是得不到好评的。

做不出好的PPT，其原因往往在于对幻灯片的用途、思路和逻辑认识得不够清晰，没有使用有效的材料或对汇报材料不够熟悉，表达方式不够好，缺乏感官意识上的美感等。

总结起来，一个好的PPT制作的时候要做到"齐、整、简、适"。相对来说，一个得不到好评的PPT有犯许多种错误的可能，但其共同点都是"杂、乱、繁、过"。这里简单举例介绍几种情况。

(1) 使用大量密布的文字来表达信息。

(2) 文字颜色与背景色过于近似，如下图中的描述部分的文字颜色不够清晰。

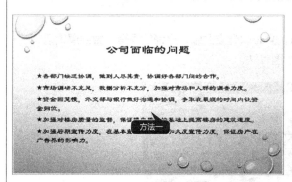

(3) 使用与内容不相关的图片。

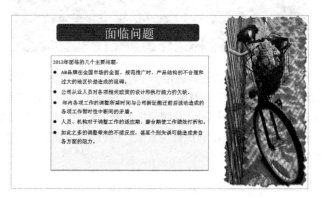

1.1.4 站在观众的角度设计PPT

整个报告过程中，演讲者是主角，PPT只能是配角。而无论主角还是配角，都应以观众为核心，每一次激情演绎，主配角的每一次配合，都为打动观众而为。在制作PPT的过程中，不应只在乎自己的感受，而应学会换位思考，站在观众的角度去审视这个PPT。

1. 文字不要过多

过多的文字会给观众造成"看"的负担，从而影响"听"的效果，失去了演讲的意义。PPT中提供的信息量越大，观众记住的信息量就越少。不要一味地想着你要说什么，而要考虑观众希望看到什么。相反，较少的文字比大量文字的PPT更容易让观众有效掌握和吸收内容。

2. 不要过于复杂

复杂对观众的理解能力是一种挑战，而简洁对制作者的提炼能力是一种挑战。人的大脑都偏爱简单，PPT中的信息量过度复杂，观众就会失去浏览的兴趣。所以在制作 PPT时，不仅要想别人看到的是什么，还要想想别人看到后是否可以产生一致的理解。

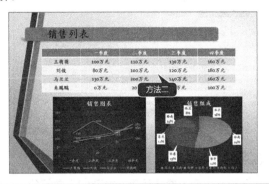

1.2 优秀PPT的结构及设计理念

本节视频教学时间：6分钟

认识了制作优秀PPT的方法后，需要了解优秀PPT的完整结构、制作PPT的最佳流程以及高手的设计理念。

1.2.1 PPT的完整结构

一份完整的PPT主要包括首页、引言、目录、章节过渡页、正文、结束页等。

1. 首页

首页是幻灯片的第一个页面，用于显示该幻灯片的名称、作用、目的、作者以及日期等信息。下图所示的幻灯片首页显示幻灯片的名称以及作用。

2. 引言页面

引言页面可用于介绍企业LOGO、宣传语以及其他非正文内容的文本，让听众对幻灯片有大致的了解。下图所示的引言页面就显示了企业的LOGO以及宣传语。

3. 目录页面

目录页面主要列举PPT的主要内容，可以在其中添加超链接，便于从目录页面进入任何其他页面。

4. 章节过渡页

章节过渡页面起到承上启下的作用，内容要简洁，突出主题。也可以将章节过渡页作为留白，让听众适当地放松，聚集视野。

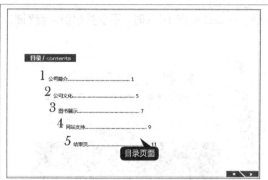

5. 正文

正文页面主要显示每一章节的主要部分，可以使用图表、图形、动画等吸引听众注意力，切忌不可使用大量文字，防止听众视觉疲劳。

6. 结束页

结束页作为幻灯的结尾，可以向听众表达谢意，感谢听众。

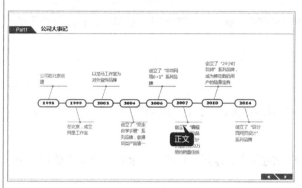

1.2.2 PPT的最佳制作流程

PPT的制作，不仅靠技术，更要靠创意和理念。以下是制作PPT的最佳流程，掌握了基本操作之后，依照这些流程进一步融合独特的想法和创意，可以让我们制作出令人惊叹的PPT。

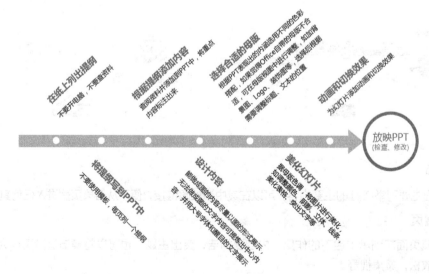

1.2.3 PPT高手的设计理念

如果需要使用PPT传达大量的信息，就需要考虑如何将重点内容展现在PPT中，然后再考虑如何更好地展现出这些重点，以使观众轻松观看。这就是PPT高手的设计理念。

1. 从构思开始

制作PPT前，先要理清头绪，要清楚地知道这个PPT的目的，以及要通过PPT给观众传达什么样的信息。例如，要制作一个业绩报告PPT，最重要的就是向观众传达业绩数据。

清楚了要表达的内容后，先将这些记录在纸上，然后回过头再看一遍，看有没有遗漏或者不妥的内容。务必要深入构思，清晰整理。

2. 体现你的逻辑

如果你的逻辑思维混乱，就不可能制作出条理清晰的PPT，观众看到也会一头雾水、不知所云。所以PPT中内容的逻辑性非常重要，这是PPT的灵魂。

制作PPT前，在梳理PPT观点时，如果有逻辑混乱的情况，可以尝试使用金字塔原理来创建思维导图。

"金字塔原理"是在1973年由麦肯锡国际管理咨询公司的咨询顾问巴巴拉·明托（Barbara Minto）发明的，旨在阐述写作过程的组织原理，提倡按照读者的阅读习惯改善写作效果。因为主要思想总是从次要思想中概括出来的，文章中所有思想的理想组织结构也就必定是一个金字塔结构——由一个总的思想统领多组思想。在这种金字塔结构中，思想之间的联系方式可以是纵向的（即任何一个层次的思想都是对其下面一个层次思想的总结），也可以是横向的（即多个思想因共同组成一个逻辑推断式，而被并列组织在一起）。

金字塔原理图如下所示。

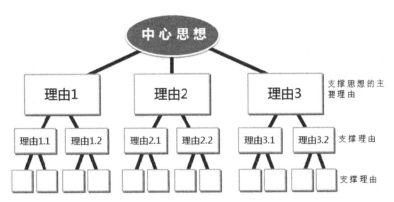

在理清PPT的制作思路后，可以运用此原理将要表现内容的提纲列出来，并在PPT中做成目录和导航的形式，使观众也能快速地明白你的意图。

3. 更好地展示主题

在理清PPT的制作思路后，可以运用此原理将要表现内容的提纲列出来，并在PPT中做成目录和导航的形式，使观众也能快速地明白你的意图。

PPT中内容的展示原则是"能用图，不用表；能用表，不用字"，所以要尽量避免大段的文字和密集的数据，将这些文字和数据尽可能地使用图示、图表和图片展示出来。

(1) 图示

PowerPoint 2016中提供了大量美观的SmartArt图形，可以使用这些图形展示出列表、流程、循环、层次结构、关系、矩阵、棱锥图、图片等形式，如下图所示，也可以将插入PPT中的图片直接转换为上述这些形式。

下图所示的幻灯片就使用了流程类型的SmartArt图形来展示高效沟通的步骤。

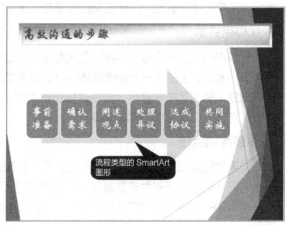

(2) 图表

使用图表可以直观地展示出你的数据，使观众一目了然，不再需要去看枯燥无味的数据。

PowerPoint 2016中提供了大量的图表类型供用户选择，使用最广泛的是柱形图、折线图和饼图等。

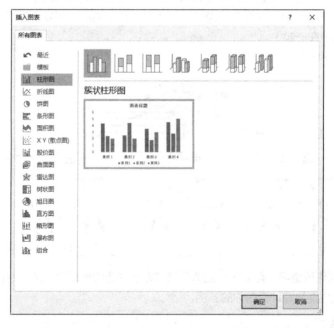

在使用图表时，要根据数据的类型和对比方式来选择图表的类型，如果使用了不合适的图表，反而会使演示的效果大打折扣。如柱形图通常用来表现同一时期不同种类的数据对比情况，折线图通常用来展示数据的上下浮动情况，饼图通常用来展示部分与整体、部分与部分之间的关系。

下图为使用饼图来展示各个地区的销售情况，从此图中，可以看出各地区之间的销售对比情况，也能看出各地区在整体中所占的比例。

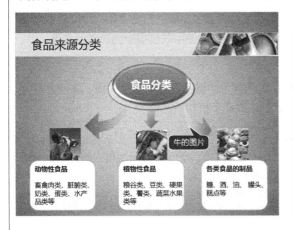

(3) 图片

枯燥的文字容易使人昏昏欲睡，若使用图片来代替部分文字的功效，就会事半功倍。

如在下左图所示的幻灯片中，就是用了牛的图片来展示动物性食品，使用蔬菜的图片来展示植物性食品，使用蛋糕图片展示食品的制品，这比使用纯文字更能吸引观众的注意。

在PowerPoint 2016中，通过【联机图片】功能，可以搜索到网络图片、云端存储的图片等，要充分利用这些手边的素材，使自己的PPT内容更加丰富。

4. 简单而不简洁

有些PPT中的内容，观众即使从头到尾、认认真真地观看，也难以从中找出重点。这是因为PPT中的文字内容太多、重点太多，反而体现不出来主要的、作者想表达的思想。可以通过下面的方法在PPT中展示出重点内容。

(1) 只展示出中心思想，以少胜多

下图所示的幻灯片中，以大字体、不同的颜色来展示出所要表达的中心思想，这比长篇大论更容易让人接受。

(2) 使用颜色及标注吸引观众注意

在比较多的文字或数据中，观众需要看完才能了解到重点。在制作PPT时，不妨将这些重要的信息以不同的颜色、不同的字号或者使用标注重点突出出来，使观众一目了然。

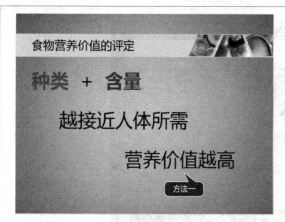
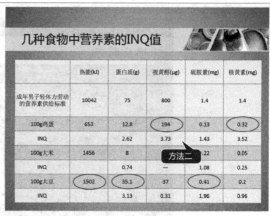

1.3 制作《项目计划》演示文稿

本节视频教学时间：7分钟

项目计划演示文稿主要是把为公司做的项目计划通过制作为演示文稿表达出来，在PowerPoint 2016中，可以使用多种方法创建演示文稿，本节以制作项目计划演示文稿为例介绍基本幻灯片的制作。

1.3.1 创建演示文稿

使用PowerPoint 2016制作幻灯片之前，首先要掌握创建新演示文稿的方法，用户可以根据需要创建空白的演示文稿，也可以使用PowerPoint 2016内置的模板或者使用联机模板创建演示文稿。

1. 创建空白演示文稿

启动PowerPoint 2016后选择【空白演示文稿】选项即可创建新的空白演示文稿，此外，打开PowerPoint 2016后，也可以创建新的空白演示文稿，具体操作步骤如下。

1 选择【新建】选项

选择【文件】选项卡，在列表中选择【新建】选项，在右侧的【新建】区域单击【空白演示文稿】命令。

2 新建演示文稿

即可创建一个空白演示文稿。新建空白演示文稿如图所示。

2. 使用模板创建演示文稿

PowerPoint 2016中内置有大量联机模板，可在设计不同类别的演示文稿的时候选择使用，既美观漂亮，又节省了大量时间。

1 单击【新建】选项

在【文件】选项卡下，单击【新建】选项，在右侧【新建】区域显示了多种PowerPoint 2016的联机模板样式。

2 单击【搜索】按钮

在【新建】选项下的文本框中输入联机模板或主题名称"项目"，然后单击【搜索】按钮即可快速找到需要的模板或主题。

3 单击【创建】按钮

单击要使用的联机模板，即可弹出模板预览界面，单击【创建】按钮。

4 创建演示文稿

即可开始下载联机模板，下载完成将使用联机模板创建演示文稿。

1.3.2 添加幻灯片

用户可以根据需要添加新的幻灯片页面，具体操作步骤如下。

1 选择【标题幻灯片】选项

　　将鼠标光标定位至要插入幻灯片的位置，单击【开始】选项卡下【幻灯片】选项组中的【新建幻灯片】按钮，在弹出的列表中可以看到包含多种幻灯片页面类型，这里选择【标题幻灯片】选项。

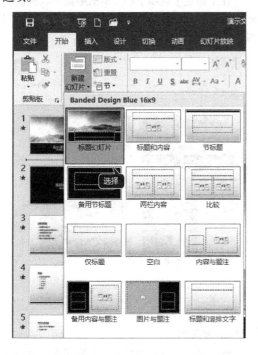

2 新建幻灯片

　　新建的幻灯片即显示在左侧的【幻灯片】窗格中。

提示

在【幻灯片】窗格的空白位置处单击鼠标右键，在弹出的快捷菜单中选择【新建幻灯片】菜单命令，也可以添加幻灯片。

1.3.3 复制幻灯片

　　复制幻灯片可以快速创建相同的幻灯片，可以减少重复的操作。用户可以通过以下两种方法复制幻灯片。

1. 利用【复制】按钮

1 复制幻灯片

　　选中幻灯片，单击【开始】选项卡下【剪贴板】组中【复制】按钮后的下拉按钮，在弹出的下拉列表中单击【复制】菜单命令，或者按【Ctrl+C】组合键，即可复制所选幻灯片。

2 粘贴幻灯片

　　在要粘贴的位置单击，然后单击【开始】选项卡下【剪贴板】组中【粘贴】按钮按钮，或者按【Ctrl+V】组合键，即可将幻灯片复制到要粘贴的位置。

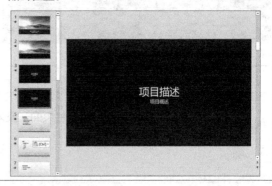

2. 利用【复制幻灯片】菜单命令

在目标幻灯片上单击鼠标右键，在弹出的快捷菜单中选择【复制幻灯片】菜单命令，即可复制所选幻灯片。

提示

使用【复制幻灯片】菜单命令可直接在所选幻灯片下方直接生成一模一样的幻灯片。

1.3.4 移动幻灯片

用户可以通过移动幻灯片的方法改变幻灯片的位置，具体操作步骤如下。

1 拖曳幻灯片

单击选择需要移动的幻灯片并按住鼠标左键，拖曳幻灯片至目标位置。

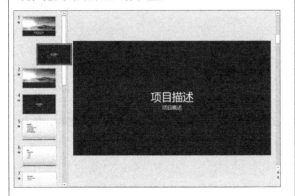

2 移动幻灯片

释放鼠标左键即可移动幻灯片的位置。此外，通过剪切并粘贴的方式也可以移动幻灯片。

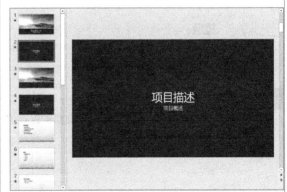

1.3.5 删除幻灯片

要删除不需要的幻灯片，直接将其选中并按【Delete】键即可。也可以选择要删除的幻灯片并单击鼠标右键，在弹出的快捷菜单中单击【删除幻灯片】菜单命令。

1.3.6 保存演示文稿

编辑完演示文稿后，需要将演示文稿保存起来，以便以后使用。保存演示文稿的具体操作步骤如下。

1 单击【开始】选项卡

单击【快速访问工具栏】上的【保存】按钮🖫，或单击【开始】选项卡，在打开的列表中选择【保存】选项。

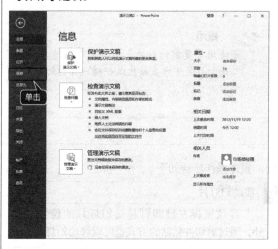

2 单击【浏览】按钮

选择【保存】选项后，首次保存幻灯片将弹出【另存为】设置界面，选择文件存储的位置，这里选择【这台电脑】选项。单击【浏览】按钮。

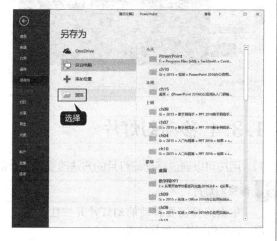

> **提示**
>
> 保存后的演示文稿再次编辑后，可以直接按【Ctrl+S】组合键或单击【快速访问工具栏】上的【保存】按钮快速保存。

3 单击【保存】按钮

弹出【另存为】对话框，选择演示文稿的保存位置，在【文件名】文本框中输入演示文稿的名称，单击【保存】按钮即可。

> **提示**
>
> 如果用户需要为当前演示文稿重命名、更换保存位置或改变演示文稿类型，则可以选择【开始】▶【另存为】选项，在【另存为】设置界面中单击【浏览】按钮，将弹出【另存为】对话框。在【另存为】对话框中选择演示文稿的保存位置、文件名和保存类型后，单击【保存】按钮即可另存演示文稿。

举一反三

除了本章介绍的内容外，还可以使用联机模板创建行业、教育、图表、销售、旅游以及业务计划等演示文稿。下图所示分别为创建的在校儿童教育演示文稿及企业发展方向演示文稿效果图。

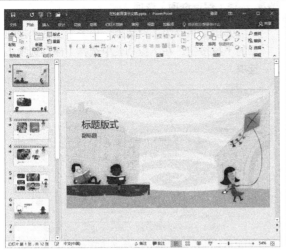

 高手私房菜

技巧1: 排版提升PPT

很多演示文稿中整张的幻灯片版面上都是密密麻麻的文字，让观众看起来非常辛苦。

要想在现有的内容中提升PPT的观众穿透力，其中最重要的就是排版。

(1) 留白是体现段落感的最好方法

如果直接将Word文档中的文字复制到幻灯片中，而不加任何修饰，这是行不通的。最基本的做法，是适当地对文本内容进行分段。

分段就是把大段文字切成小段文字，段与段之间留出足够的空白，这样就算是你的文字比较多，看上去也不会太难看。

(2) 要提炼文本关键字

与Word文档相比，PowerPoint就是要突出那些重点关键词。每个幻灯片的标题应该是结论性的能够高度概括本页中心思想的一句话。

另外，提炼出关键词之后，要适当地用大字号显示并且单独列出来，作为小标题。这样幻灯片看上去会更专业。

(3) 选择适当的字体和字号

排版时同一类的内容尽量使用同样的字体和字号，一方面可以让读者快速了解内容的层次关系，另一方面也可以使版面看起来更加整齐。

(4) 在幻灯片中插入图片

幻灯片上全是文字，很容易让读者厌倦。这时候可以加入与文字内容相关的图片，让整个版面更容易被人接受。

除了图片外，也可以使用图表、形状等代替文字，让数据类内容更清晰。

技巧2: 保存幻灯片中的特殊字体

为了获得好的效果，人们通常会在幻灯片中使用一些非常漂亮的字体，可是将幻灯片复制到演示现场进行播放时，这些字体变成了普通字体，甚至还因字体而导致格式变得不整齐，严重影响演示效果。可以通过以下步骤保存幻灯片中的特殊字体。

1 单击【浏览】按钮

在PowerPoint 2016中，单击【文件】选项卡下的【另存为】选项，选择文件存储位置，并单击【浏览】按钮。

2 选择【保存选项】选项

弹出【另存为】对话框，单击【工具】按钮后的下拉按钮，在下拉列表中选择【保存选项】选项。

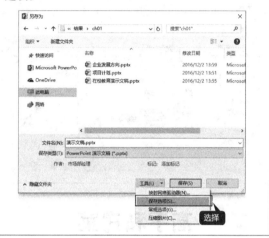

3 单击【确定】按钮

弹出【PowerPoint选项】对话框，在【共享此演示文稿时保持保真度】组下的【将字体嵌入文件】复选框，然后根据选中【嵌入所有字符】单选项，单击【确定】按钮保存该文件即可。

第2章

文本的输入与编辑

 本章视频教学时间：28 分钟

本章主要介绍 PowerPoint 2016 中文本的输入及编辑方法，包括文字字体、字号、颜色、文本段落及项目符号和编号的设置等内容。这些基本知识的学习可以帮助读者更好地进行演示文稿的制作。

【学习目标】

通过本章的学习，读者可以掌握在 PPT 中输入与编辑文本的方法。

【本章涉及知识点】

熟悉使用文本框的方法
掌握文本输入的方法
熟悉文字的设置方法
熟悉段落设置的方法
熟悉项目符号和编号的使用方法

2.1 制作《诗词鉴赏》演示文稿

本节视频教学时间：10分钟

文本框是一个对象，在文本框中可以输入文本。本节主要介绍在文本占位符及文本框中输入文字的方法。

2.1.1 在文本占位符中输入文本

在普通视图中，幻灯片会出现"单击此处添加标题"或"单击此处添加副标题"等提示文本框。这种文本框统称为"文本占位符"。在文本占位符中输入文本是最基本、最方便的一种输入方式。

1 打开素材

打开随书光盘中的"素材\ch02\《诗词鉴赏》演示文稿.pptx"文件，即可在幻灯片首页看到"单击此处添加标题"或"单击此处添加副标题"文本占位符。

2 添加文字

将鼠标光标放在"单击此处添加标题"文本占位符内，可以看到"单击此处添加标题"文字消失，并且光标闪烁。

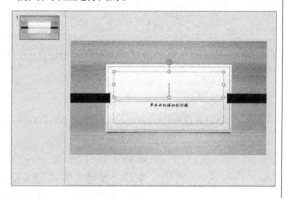

3 输入文本

输入"诗词鉴赏"文本，然后在其他位置单击，就完成在文本占位符内输入文本的操作。

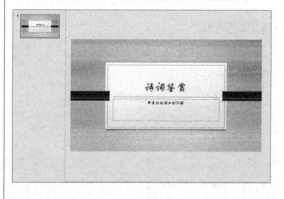

4 效果图

将鼠标光标放在"单击此处添加副标题"文本占位符内，并输入"制作者：王XX"文本，按【Enter】键换行，并输入"2017年"文本，效果如下图所示。

2.1.2 在文本框中输入文本

幻灯片中【文本占位符】的位置是固定的，如果想在幻灯片的其他位置输入文本，可以通过绘制一个新的文本框来实现。在插入和设置文本框后，就可以在文本框中进行文本的输入了，在文本框中输入文本的具体操作方法如下。

1 新建幻灯片页面

新建一个空白幻灯片页面，单击【插入】选项卡【文本】组中的【文本框】按钮的下拉按钮，在弹出的下拉菜单中选择【横排文本框】选项。

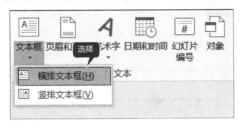

2 创建文本框

将光标移动到幻灯片中，当光标变为向下的箭头时，按住鼠标左键并拖曳即可创建一个文本框。

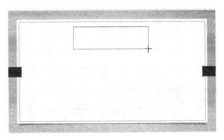

3 输入文本

单击文本框就可以直接输入文本，这里输入"静夜思"文本，按【Enter】键换行，并输入"李白"文本，效果如下图所示。

4 效果图

重复上面的步骤，再次绘制文本框并输入相关内容，效果如下图所示。

2.1.3 文本框的基本操作

在文本框中输入文本后，可以根据需要调整文本框的大小及位置，复制、删除文本框，也可以设置文本框的填充及轮廓。

1. 调整文本框的大小及位置

1 选择文本框

选择诗词标题文本框，将鼠标光标放在四周的控制点上，这里将鼠标光标放在右下角的控制点上，鼠标光标将变为形状，按住鼠标左键并拖曳鼠标，即可调整文本框的大小。

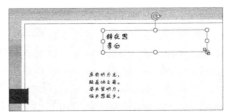

2 调整文本框

调整文本框大小后的效果如下图所示。

提示

在【格式】选项卡下的【大小】组中可以精确调整文本框的形状高度和形状宽度。

3 拖曳鼠标光标

将鼠标光标放在文本框上，当鼠标光标变为形状时，按住鼠标左键并拖曳鼠标光标即可调整文本框的位置。

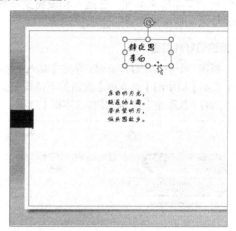

4 调整结果图

调整文本框位置后的效果图下图所示。

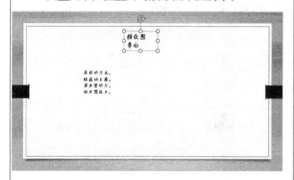

5 重复操作

使用同样的方法调整下方文本的大小及位置。

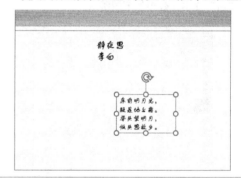

2. 复制文本框

1 复制文本框

单击要复制的文本框的边框，使文本框处于下图所示的选中状态。

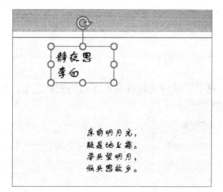

2 单击【复制】按钮

单击【开始】选项卡【剪贴板】组中的【复制】按钮。

提示

请确保指针不在文本框内部，而是在文本框的边框上。如果指针不在边框上，则单击【复制】按钮后复制的是文本框内的文本，而不是文本框。

3 单击【粘贴】按钮

单击【开始】选项卡【剪贴板】组中的【粘贴】按钮，系统自动完成文本框的复制操作。

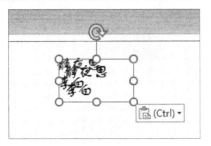

4 拖动文本框

将鼠标指针放置到选中状态的复制文本框边框，在指针变为十时，将文本框拖动到适当的位置。

> **提示**
>
> 除了上面介绍的复制、粘贴外，还可以通过组合键【Ctrl+C】进行复制，然后按组合键【Ctrl+V】进行粘贴。也可以选中文本框，然后按住【Ctrl】键，当出现时按住鼠标左键将文本框拖动到合适的位置也可以进行复制。

3. 删除文本框

要删除多余或不需要的文本框，可以先单击要删除的文本框的边框以选中该文本框，然后按【Delete】键即可。

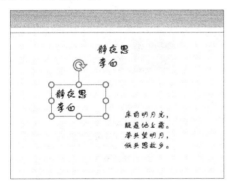

> **提示**
>
> 删除文本框时要确保指针不在文本框内部，而是在文本框的边框上。如果指针不在边框上，则按【Delete】键会删除文本框内的文本，而不会删除文本框。

4. 设置文本框形状样式

1 选择形状样式

选择诗词标题文本框，单击【格式】选项卡下【形状样式】组中的【其他】按钮，在弹出的下拉列表中选择一种形状样式。

2 设置形状样式

即可看到设置形状样式后的效果。

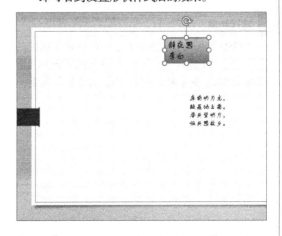

3 填充颜色

单击【格式】选项卡下【形状样式】组中的【形状填充】按钮，在弹出的下拉列表中选择一种填充颜色。

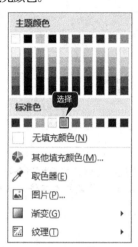

4 填充形状颜色

更改形状填充颜色后的效果如下图所示。

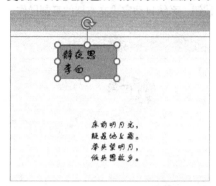

提示

可以根据需要为文本框设置图片、渐变或纹理填充。

5 选择【无轮廓】选项

单击【格式】选项卡下【形状样式】组中的【形状轮廓】按钮，在弹出的下拉列表中选择【无轮廓】选项。

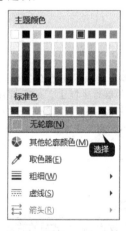

6 填充效果

更改形状填充颜色后的效果如下图所示。

提示

可以设置文本框的轮廓颜色以及线条粗细、虚线类型等样式。

7 选择映像

单击【格式】选项卡下【形状样式】组中的【形状轮廓】按钮，在弹出的下拉列表中选择【映像】▶【紧密映像：4磅 偏移量】选项。

8 设置形状效果

设置形状效果后的效果如下图所示。

提示

此外，也可以通过【设置形状格式】窗格对文本框进行填充、线条颜色、线型、大小和位置等设置，单击【格式】选项卡下【形状样式】组中的【设置形状格式】按钮，即可打开【设置形状格式】窗格。

2.1.4 设置文本框的填充透明度

填充透明度决定着看透幻灯片背景的程度（或在文本框背后的分层方式）。默认情况下，透明度被设置为 0，也就是说在为文本框指定某一填充时，文本框完全不透明，是为了设置填充透明度。

1 填充颜色

选择下方的诗词内容文本框并为其添加"浅绿"形状填充颜色。

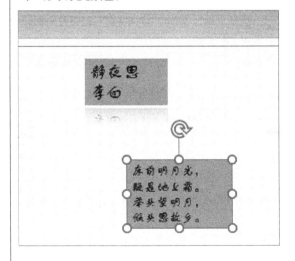

2 形状填充

单击【格式】选项卡下【形状样式】组中的【形状填充】按钮，在弹出的下拉列表中选择【其他填充颜色】选项。

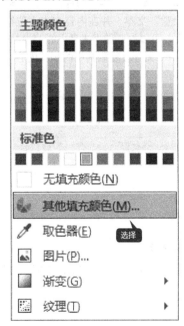

3	单击【确定】按钮

弹出【颜色】对话框，在【自定义】选项卡下【透明度】微调框中输入"50%"，单击【确定】按钮。

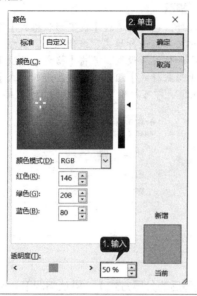

4	设置文本框

即可看到设置文本框填充透明度后的效果。

2.1.5 制作其他幻灯片页面并输入特殊符号

除了在文本框中输入文本内容外，还可以输入一些特殊的符号，下面介绍特殊符号的输入方法。

1	新建幻灯片

新建"标题和内容"幻灯片页面，输入标题"诗词大意"文本，并在内容文本占位符中输入正文内容，可以打开随书光盘中的"素材\ch02\诗词鉴赏.txt"文件，复制其中的相关内容。效果如下图所示。

2	制作幻灯片

重复步骤1，制作"诗词赏析"幻灯片页面，效果如下图所示。

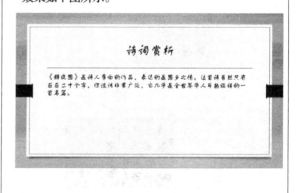

3	绘制文本框

新建空白幻灯片页面，绘制文本框，输入"谢谢欣赏！"文本，效果如下图所示。

4 选择幻灯片

选择第3张幻灯片页面，将鼠标光标定位至正文内容最前位置。

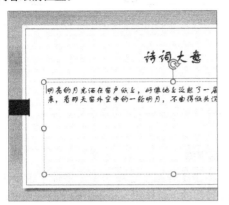

5 插入符号

单击【插入】选项卡下【符号】组中的【符号】按钮。

6 单击【插入】按钮

弹出【符号】对话框，选择要插入的符号类型，单击【插入】按钮。

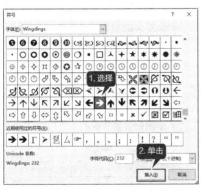

7 插入符号

插入符号后效果如下图所示。

8 完成制作

至此，就完成了《诗词鉴赏》演示文稿的制作。

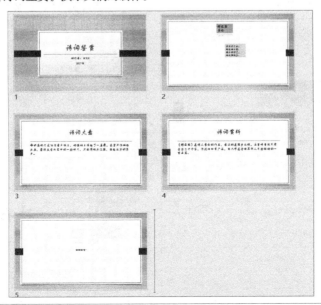

2.2 编辑《诗词鉴赏》演示文稿

本节视频教学时间：9分钟

字体和段落样式的设置可以增强演示文稿的可读性和感染力，因此选择合适的字体样式及段落样式非常重要。

2.2.1 设置字体格式

选中要设置字体的文字后即可设置文本的字体，设置字体格式主要包括设置字体、字号、字体颜色等，具体操作步骤如下。

1 打开素材

打开随书光盘中的"素材\ch02\编辑《诗词鉴赏》演示文稿.pptx"文件，选择第一张幻灯片页面中的"诗词鉴赏"文本。

2 选择字体

单击【开始】选项卡下【字体】组中【字体】按钮的下拉按钮，在弹出的下拉列表中选择【华文行楷】选项。

3 设置字体

设置字体后效果如下图所示。

4 选择字号

单击【开始】选项卡下【字体】组中【字号】按钮的下拉按钮，在弹出的下拉列表中选择【80】选项。

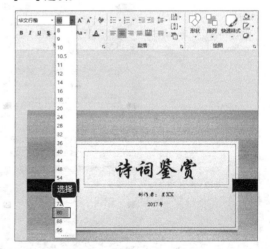

5 选择字体颜色

单击【开始】选项卡下【字体】组中【字体颜色】按钮的下拉按钮，在弹出的下拉列表中选择【紫色】选项。

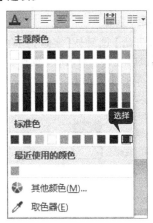

6 设置字体颜色

设置字体颜色后效果如下图所示。

7 选择占位符

选择副标题文本占位符中的内容，单击【开始】选项卡下【字体】组中【字体】按钮。

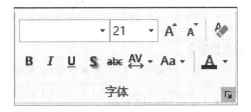

8 单击【确定】按钮

弹出【字体】对话框，设置【西文字体】为"（使用中文字体）"，【中文字体】为"楷体"，【字体样式】为"常规"，【大小】为"26"，【字体颜色】为"紫色"，单击【确定】按钮。

9 设置字体样式

设置字体样式后效果如下图所示。

10 设置后的效果

使用同样的方法设置其他幻灯片页面的字体样式。

2.2.2 设置字符间距

字符间距是独立的字母之间间隔的量。可以调整这一间隔使文本框容纳更多或者较少的文字。字符间距会影响标题和正文文本的外观和可读性。

1 调整间距

选择第2张幻灯片页面，根据需要调整正文文本框的宽度，并选中要调整间距的文字。

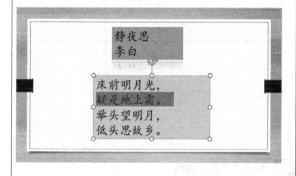

2 单击【确定】按钮

单击【开始】选项卡【字体】组右下角的 按钮，在弹出的【字体】对话框中选择【字符间距】选项卡，然后将【间距】设置为"紧缩"，并将【度量值】设置为"6"磅，单击【确定】按钮。

3 设置字符间距

设置字符间距紧缩6磅后的效果如下图所示。

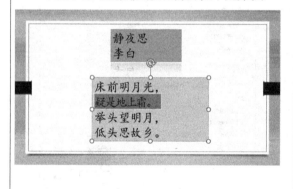

4 重复步骤2

选中第三段文字，然后重复步骤2，将【间距】设置为"加宽"，并将【度量值】设置为"6"磅，单击【确定】按钮。

5 设置间距后的效果

设置字符间距加宽6磅后的效果如下图所示。

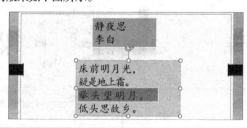

6 调整文本框大小

使用同样的方法设置第4行字符间距加宽12磅，并根据需要调整文本框大小及位置，效果如下图所示。

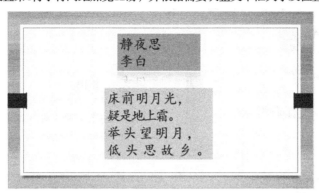

2.2.3 设置对齐方式

段落对齐方式包括左对齐、右对齐、居中对齐、两端对齐和分散对齐等。将光标定位在某一段落中，单击【开始】选项卡【段落】组中的【对齐方式】按钮，即可更改段落的对齐方式。

1 选择幻灯片

选择第一张幻灯片页面，选择副标题文本占位符中的内容。

2 选择段落样式

单击【开始】选项卡下【段落】组中【右对齐】按钮。

3 设置段落

设置段落右对齐后的效果如下图所示。

4 设置对齐方式

选择第2张幻灯片页面中的"静夜思"文本，单击【开始】选项卡下【段落】组中【居中】按钮，设置【对齐方式】为"居中"，效果如下图所示。

5 设置对其方式

根据需要调整其他段落的样式并设置对其方式。

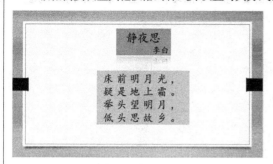

提示

单击【段落】组右下角的 🖿 按钮，在弹出的【段落】对话框中也可以对段落进行对齐方式的设置。

2.2.4 设置缩进

段落缩进指的是段落中的行相对于页面左边界或右边界的位置。段落缩进方式主要包括文本之前缩进、悬挂缩进和首行缩进等。

1. 悬挂缩进

悬挂缩进是指段落首行的左边界不变，其他各行的左边界相对于页面左边界向右缩进一段距离。具体操作步骤如下。

1 选择幻灯片

选择第3张幻灯片页面，将光标定位在要设置的段落中。

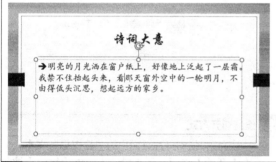

2 选择段落样式

单击【开始】选项卡【段落】组右下角的 🖿 按钮。

3 单击【确定】按钮

弹出【段落】对话框，在【段落】对话框的【缩进】区域的【特殊格式】下拉列表中选择【悬挂缩进】选项，在【文本之前】文本框中输入"2厘米"，【度量值】文本框中输入"1.2厘米"。单击【确定】按钮。

4 效果图

完成段落的悬挂缩进，效果如下图所示。

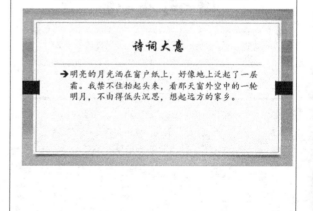

2. 首行缩进

首行缩进是指将段落的第一行从左向右缩进一定的距离，首行外的各行都保持不变，具体操作步骤如下。

1 选择幻灯片

选择第4张幻灯片页面，将光标定位在要设置的段落中。

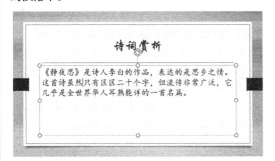

2 单击【段落】按钮

单击【开始】选项卡【段落】组右下角的 按钮。

3 单击【确定】按钮

在【段落】对话框的【缩进】区域的【特殊格式】下拉列表中选择【首行缩进】选项，在【度量值】文本框中输入"1.6厘米"。单击【确定】按钮。

4 效果图

完成段落的首行缩进设置，效果如下图所示。

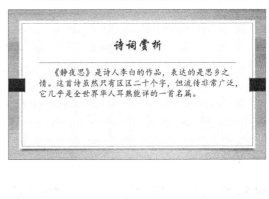

2.2.5 设置间距与行距

段落行距包括段前距、段后距和行距。段前距和段后距指的是当前段与上一段或下一段之间的间距。行距指的是段内各行之间的间距。设置间距和行距的具体操作步骤如下。

1 选择幻灯片

在第3张幻灯片中将光标定位在要设置的段落中，单击【开始】选项卡【段落】组右下角的 按钮，弹出【段落】对话框。

2	单击【确定】按钮

在【段落】对话框的【间距】区域的【段前】和【段后】文本框中分别输入"10磅"和"10磅"，在【行距】下拉列表中选择【1.5倍行距】选项。单击【确定】按钮。

3	效果图

完成段落的间距和行距的设置，效果如下图所示。

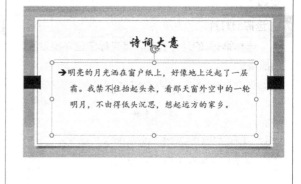

4	完成编辑

使用同样的方法设置第4张幻灯片页面中正文的间距与行距，效果如下图所示。完成编辑《诗词鉴赏》演示文稿的操作。

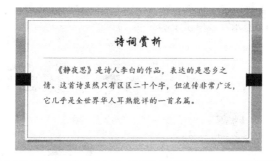

2.3 制作《产品简介》演示文稿

📽 本节视频教学时间：5分钟

产品简介演示文稿的作用是以幻灯片的形式向客户介绍产品的种类、作用及优势等，使用项目符号或编号可以演示大量文本或顺序的流程。本节主要介绍为文本添加项目符号或编号、更改项目符号或编号的外形及调整缩进量等操作方法。

2.3.1 使用预设项目符号

精美的项目符号可以使单调的文本内容变得更生动、专业。添加预设项目符号的具体操作步骤如下。

1	打开素材

打开随书光盘中的"素材\ch02\产品简介.pptx"文件，在第2张幻灯片页面选中需要添加编号的文本内容。

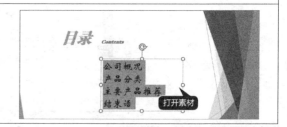

2 选择项目符号

单击【开始】选项卡下【段落】组中的【项目符号】按钮右侧的下拉按钮，弹出项目符号下拉列表，选择相应的项目符号。

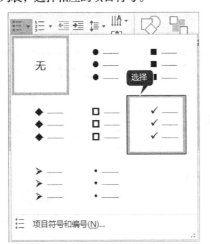

3 添加项目符号

添加项目符号后的效果如下图所示。

提示

如果要取消添加项目符号，只需在【项目符号】下拉列表中选择【无】选项即可。

4 效果图

使用同样的方法，为以下幻灯片页面中的内容添加项目符号。效果如下图所示。

2.3.2 自定义项目符号

如果对系统预设的项目符号样式不满意，用户还可以自定义项目符号，具体操作步骤如下。

1 选择幻灯片

选择以下幻灯片页面中添加项目符号的内容。

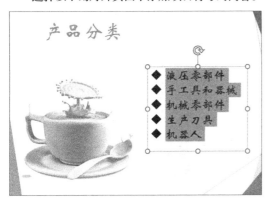

2 选择项目符号

单击【开始】选项卡下【段落】组中的【项目符号】按钮右侧的下拉按钮，弹出项目符号下拉列表，选择【项目符号和编号】选项。

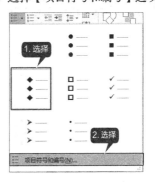

3 单击【自定义】按钮

弹出【项目符号和编号】对话框，单击【自定义】按钮。

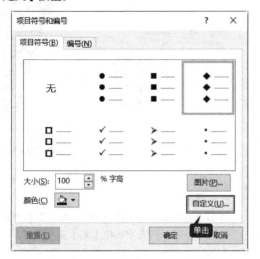

4 选择符号类型

弹出【符号】对话框，选择一种字体样式，并在下方的列表中选择一种符号类型，单击【确定】按钮。

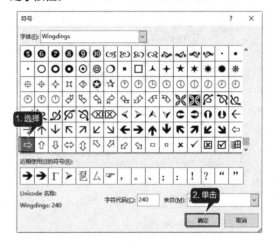

5 单击【确定】按钮

返回【项目符号和编号】对话框，在下方可以根据需要设置项目符号的大小及颜色，单击【确定】按钮。

6 效果图

即可看到自定义项目符号后的效果。

2.3.3 为文本添加编号

为文本添加编号的具体操作步骤如下。

1 选择幻灯片

选择以下幻灯片页面中需要添加编号的文本内容。

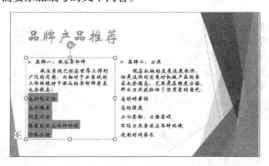

2 选择编号样式

单击【开始】选项卡下【段落】组中的【编号】按钮右侧的下拉按钮，在弹出的下拉列表中，选择一种编号样式。

3 添加编号

即可看到为文本添加编号后的效果。

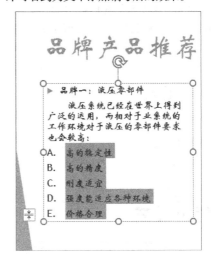

4 效果图

根据需要为"品牌二"内容添加编号，效果如下图所示。

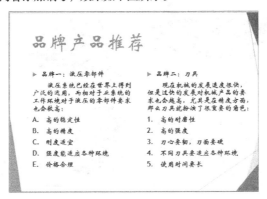

2.3.4 更改编号的大小和颜色

设置编号后，可以根据需要更改编号的大小及颜色，具体操作步骤如下。

1 更改编号大小

选择要更改编号大小及颜色的内容。

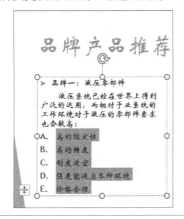

2 选择项目符号

单击【开始】选项卡下【段落】组中的【编号】按钮右侧的下拉按钮，在弹出的下拉列表中选择【项目符号和编号】选项。

3 单击【确定】按钮	**4** 效果图
弹出【项目符号和编号】对话框，在【编号】选项卡下更改【大小】为"150"%字高，设置【颜色】为"绿色"，单击【确定】按钮。	即可看到更改编号的大小及颜色后的效果。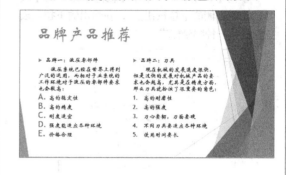

举一反三

本节主要介绍使用文本框输入文本、设置文本与段落的格式及添加项目符号和编号等内容，类似的演示文稿还有个人述职报告、工作报告PPT、公司管理培训PPT、企业发展战略PPT、产品营销推广方案等。下图所示分别为工作报告与设计公司管理培训PPT的效果。

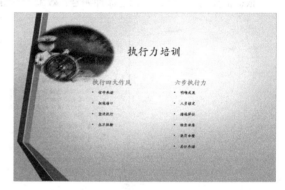

高手私房菜

技巧1：减少文本框的边空

在幻灯片文本框中输入文字时，文字离文本框上下左右的边空是默认设置好的。其实，可以通过减少文本框的边空，以获得更大的设计空间。

1 打开素材

打开随书光盘中的"素材\ch02\减少文本框的边空.pptx"文件，选中要减少边空的文本框，然后右键单击文本框的边框，在弹出的快捷菜单中选择【设置形状格式】命令。

2 设置形状格式

弹出的【设置形状格式】窗格，单击【文本框】选项。

3 设置数值

在【左】、【右】、【上】和【下】文本框中的数值重新设置为"0.05 厘米"。

4 最终效果图

单击【关闭】按钮即可完成文本框边空的设置，最终效果如下图所示。

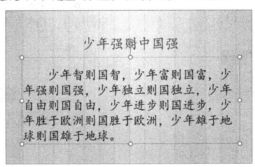

技巧2：输入文本过多，执行自动调整功能

如果文本框中需要输入的内容较多，会将幻灯片中的部分内容显示在页面之外，这里可以使用自动调整功能将内容全部显示在幻灯片内。

1 打开素材

打开随书光盘中的"素材\ch02\公司奖励制度.pptx"文件，输入的内容较多或设置格式后文本内容显示在幻灯片页面之外，可以单击占位符右侧的【自动调整选项】按钮，在弹出的下拉列表中选择【根据占位符自动调整文本】选项。

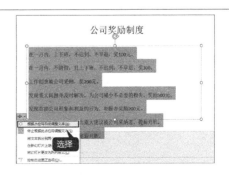

2 显示内容

即可将所有文本显示在幻灯片页面内。

公司奖励制度

在一月内，上下班，不迟到，不早退，奖100元。

在一月内，不请假，且上下班，不迟到，不早退，奖300。

工作创意被公司采纳，奖200元。

发现重大问题并及时解决，为公司减少不必要的损失，奖励500元。

发现有损公司形象和利益的行为，举报者奖励200元。

连续数次对公司发展提出重大建议被公司采纳者，提薪升职。

有其他突出贡献，酌情提薪升职。

技巧3：统一替换幻灯片中使用的字体

制作幻灯片后，如果需要更换幻灯片中的某一字体，可以使用【替换字体】命令。具体操作步骤如下。

1 选择【替换字体】选项

单击【开始】选项卡下【编辑】选项组中的【替换】按钮后的下拉按钮，在弹出的下拉列表中选择【替换字体】选项。

2 选择字体

弹出【替换字体】对话框，在【替换】文本框中选择要替换掉的字体"宋体"，在【替换为】文本框的下拉列表中选择要替换为的字体"隶书"。单击【替换】按钮，即可将演示文稿中的所有"宋体"字体替换为"隶书"。

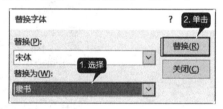

第 3 章

设计图文并茂的 PPT

 本章视频教学时间：39 分钟

美化幻灯片是 PowerPoint 2016 的重要功能，设计图文并茂的 PPT，可以使
幻灯片的内容更加丰富。本章介绍使用艺术字、表格和图片美化 PPT 的操作。

【学习目标】

通过本章的学习，可以掌握设置图文并茂 PPT 的方法。

【本章涉及知识点】

掌握使用艺术字的方法
掌握创建并编辑表格的方法
掌握插入及编辑图片的方法

3.1 制作《产品规格说明》演示文稿

 本节视频教学时间：8分钟

利用PowerPoint 2016的艺术字功能插入装饰文字，可以创建带阴影的、扭曲的、旋转的和拉伸的艺术字，也可以按预定义的形状创建文字。

3.1.1 插入艺术字

利用PowerPoint 2016的艺术字功能插入装饰文字，可以创建带阴影的、扭曲的、旋转的和拉伸的艺术字，也可以按预定义的形状创建文字。

1 打开素材

打开随书光盘中的"素材\ch03\产品规格说明.pptx"文件，将鼠标光标定位于幻灯片预览窗格区域最上方。

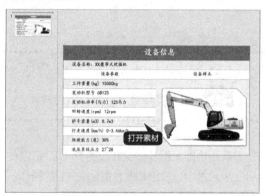

2 选择幻灯片

单击【开始】选项卡下【幻灯片】组中【新建幻灯片】按钮的下拉按钮，选择【标题幻灯片】选项，新建一张标题幻灯片页面，并删除所有的文本占位符。

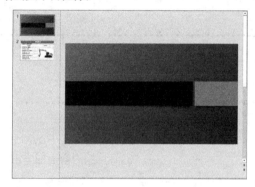

3 选择艺术字样式

单击【插入】选项卡【文本】选项组中的【艺术字】按钮，在弹出的【艺术字】下拉列表中选择一种艺术字样式。

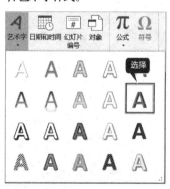

4 插入艺术字

在幻灯片中即可自动插入一个艺术字文本框。

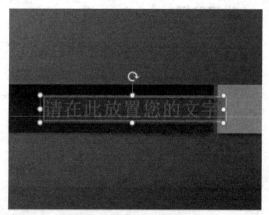

5 输入文字内容	**6** 设置艺术字
删除预定的文字，输入需要的文字内容。如输入"XX履带式挖掘机"，单击幻灯片其他地方即可完成艺术字的添加。	选择输入的艺术字，设置艺术字【字号】为"80"，并将艺术字文本框调整至合适的位置，效果如下图所示。

7 重复插入艺术字	**8** 选择艺术字
重复插入艺术字的操作，插入艺术字文本框，并输入"产品规格说明"文本。调整艺术字文本框至合适的位置。	在幻灯片最后插入"空白"幻灯片页面，并重复步骤 **3**，选择一种艺术字样式，并输入"谢谢欣赏！"文本。

 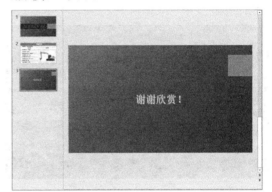

3.1.2 更改艺术字样式

　　更改艺术字样式主要包括更改艺术字的字体样式、艺术字样式，更改文本填充以及文本轮廓等。

1. 设置艺术字字体样式

1 幻灯片	**2** 设置字体
选择第一张幻灯片页面中的"XX履带式挖掘机"艺术字文本。	在【开始】选项卡下【字体】组中设置【字体】为"华文彩云"，效果如下图所示。

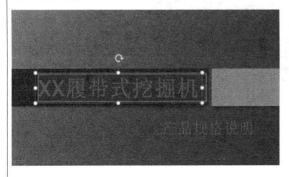 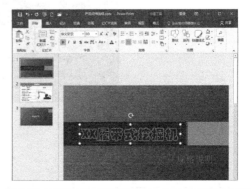

3 选择字体颜色

单击【开始】选项卡下【字体】组中【字体颜色】按钮的下拉按钮，在弹出的下拉列表中选择"白色，文字1"选项。

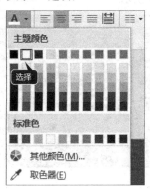

4 效果图

即可将艺术字的颜色更改为白色，效果如下图所示。

2. 更改艺术字样式

1 选择艺术字

选择幻灯片页面下方的"产品规格说明"艺术字。

2 选择艺术字样式

单击【格式】选项卡下【艺术字样式】组中的【快速样式】按钮，在弹出的下拉列表中选择要更换的艺术字样式。

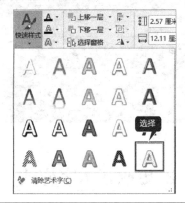

3 效果图

即可看到更改艺术字样式后的效果。

3. 设置文本填充及文本轮廓

1 选择文本内容

选择最后一张幻灯片页面中的"谢谢欣赏！"文本。

2 设置字号

设置其【字号】为"96"，并调整艺术字文本框至合适的位置，效果如下图所示。

3 选择字体颜色

再次选择艺术字文本，单击【格式】选项卡下【艺术字样式】组中【文本填充】按钮 A 的下拉按钮，在弹出的下拉列表中选择"紫色"颜色。

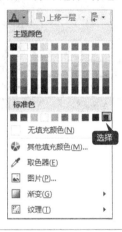

4 选择"无轮廓"选项

单击【格式】选项卡下【艺术字样式】组中的【文本轮廓】按钮 A 的下拉按钮，在弹出的下拉列表中选择"无轮廓"选项。

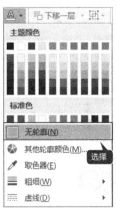

5 效果图

更改艺术字文本填充及文本轮廓后的效果如下图所示。

3.1.3 设置艺术字文本效果

单击【艺术字样式】组中的【文字效果】按钮 A·，在弹出菜单的子菜单中可以设置文本的阴影、映像、发光、棱台、三维旋转和转换等外观效果。具体操作步骤如下。

1 选中艺术字

选中艺术字"谢谢欣赏！"艺术字，单击【格式】选项卡下【艺术字样式】组中的【文字效果】按钮 A·，在打开的下拉列表中选择【转换】选项，然后在子菜单中选择【拱形】选项。

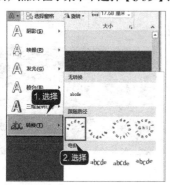

2 设置结果

可以看到艺术字样式发生改变，效果如下图所示。

3 选择映像样式

单击【格式】选项卡下【艺术字样式】组中的【文字效果】按钮 A·，在打开的下拉列表中选择【映像】选项，在其子菜单中选择一种映像样式。

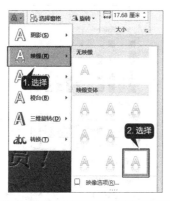

4 设置映像结果

设置映像效果后的效果如下图所示。

5 选择【阴影】选项

单击【格式】选项卡下【艺术字样式】组中的【文字效果】按钮 A·，在打开的下拉列表中选择【阴影】选项，然后在其子菜单中选择【透视：右上】选项。

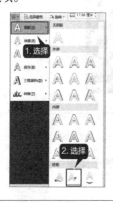

6 设置艺术字文本

设置艺术字文本效果后的最终效果如下图所示。

3.2 制作《公司文化宣传》演示文稿

本节视频教学时间：9分钟

公司文化宣传PPT是企业通过制作文字与图片进行排版的宣传演示文稿，主观介绍企业主营业务、产品、企业规模及人文历史，用于提高企业知名度。本节以制作公司文化宣传PPT为例介绍插入表格的操作。

3.2.1 创建表格

在PowerPoint 2016中还可以创建表格丰富幻灯片的内容，插入表格的方法有利用菜单命令插入表格、利用对话框插入表格和手动绘制表格三种。

1. 利用菜单命令

利用菜单命令插入表格是最常用的插入表格的方式。利用菜单命令插入表格的具体操作步骤如下。

1 打开素材	**2 选择【空白】选项**
打开随书光盘中的"素材\ch03\公司文化宣传.pptx"演示文稿，将鼠标光标定位至幻灯片页面下方，单击【开始】选项卡下【幻灯片】组中的【新建幻灯片】按钮。 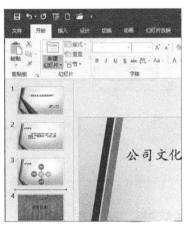	在弹出的下拉列表中选择【空白】选项。 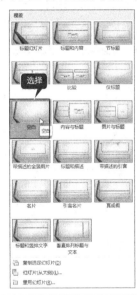
3 添加空白幻灯片	**4 插入表格**
即可在演示文稿中添加一张空白幻灯片，效果如下图所示。 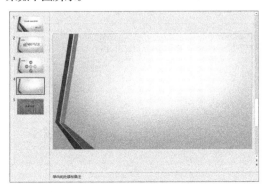	单击【插入】选项卡下【表格】选项组中的【表格】按钮，在插入表格区域中选择要插入表格的行数和列数。释放鼠标左键即可在幻灯片中创建7行2列的表格。 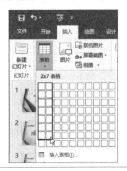

5 创建表格

在幻灯片中创建表格的效果如下图所示。

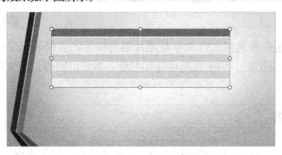

2. 利用对话框

此外用户还可以利用【插入表格】对话框来插入表格，具体操作步骤如下。

1 插入表格	**2** 输入行数、列数
将光标定位至需要插入表格的位置，单击【插入】选项卡下【表格】选项组中的【表格】按钮，在弹出的下拉列表中选择【插入表格】选项。	弹出【插入表格】对话框，分别在【行数】和【列数】微调框中输入行数和列数，单击【确定】按钮，即可插入一个表格。
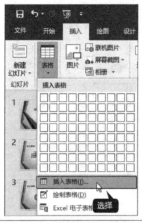	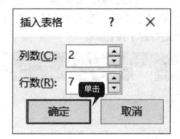

3. 手动绘制表格

当用户需要创建不规则的表格时，可以使用表格绘制工具绘制表格，具体操作步骤如下。

1 选择【绘制表格】选项	**2** 拖曳鼠标
单击【插入】选项卡下【表格】选项组中的【表格】按钮，在弹出的下拉列表中选择【绘制表格】选项。	此时鼠标指针变为 ✐ 形状，在需要绘制表格的地方单击并拖曳鼠标绘制出表格的外边界，形状为矩形。

3 退出绘制模式

在该矩形中绘制横线、竖线或斜线，绘制完成后按【Esc】键退出表格绘制模式。

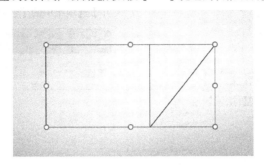

3.2.2 在表格中输入文字

用户创建表格后，需要在表格中填充文字，来对表格的内容加以说明，让表格内容更加清晰明了，具体操作步骤如下。

1 设置文本内容

接"1.利用菜单命令"小节操作，单击【插入】选项卡下【文本】组中的【文本框】按钮的下拉按钮，在弹出的下拉列表中选择【横排文本框】选项。

2 设置字体格式

用鼠标在幻灯片中拖曳出文本框的位置，并输入"公司产品"文本，设置字体格式，并调整表格的位置。

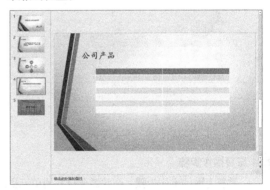

3 选中文字

选中要输入文字的单元格，输入该表格中的文字。

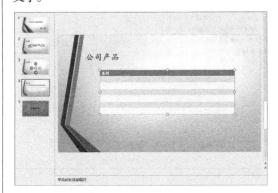

4 输入表格内容

重复上面的操作步骤，在表格中输入相应的表格内容。

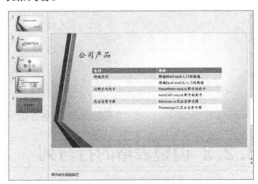

5 选择单元格

选择第一列中第二行和第三行的单元格。

6 合并单元格

单击【表格工具】➤【布局】选项卡下【合并】选项组中的【合并单元格】按钮。

7 合并后效果图

即可合并选中的单元格，效果如下图所示。

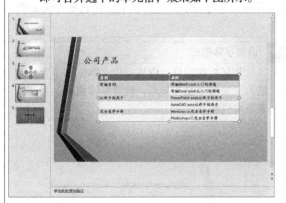

8 合并选中的单元格

此外，选择要合并的单元格，鼠标右键单击，在弹出的快捷菜单中选择【合并单元格】菜单命令，即可合并选中的单元格。

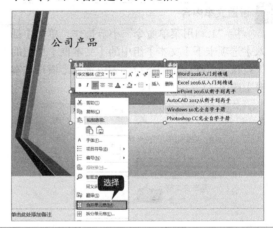

9 重复操作步骤

重复上面的操作步骤，合并需要合并的单元格。

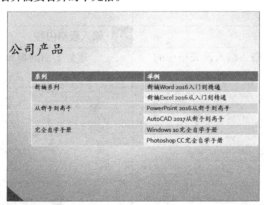

3.2.3 调整表格的行与列

在表格中输入文字后，我们可以调整表格的行高与列宽，来满足表格中文字的需要，具体操作步骤如下。

1 设置表格

选择表格，单击【表格工具】➤【布局】选项卡下【表格尺寸】选项组中的【高度】文本框后的调整按钮，或直接在【高度】文本框中输入新的高度值。

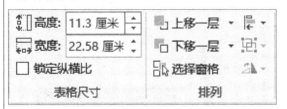

2 调整表格行高

即可调整表格的行高。

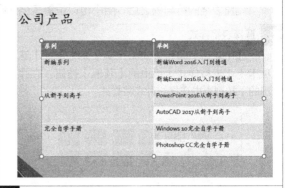

3 更改表格尺寸

再次单击【表格工具】➤【布局】选项卡下【表格尺寸】选项组中的【宽度】文本框后的调整按钮，或直接在【宽度】文本框中输入新的宽度值。

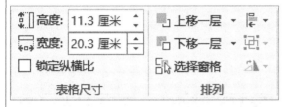

4 调整表格列宽

即可调整表格的列宽。

提示

用户也可以把鼠标光标放在要调整的单元格边框线上，当鼠标指针变成╫形状时，拖曳鼠标左键，即可调整单元格的行与列。

---

5 设置表格文本

调整表格的行高与列宽后，选择第一行中的文字，设置其【字体】为"楷体"，【字号】为"22"，效果如下图所示。

6 最终效果图

使用同样的方法设置表格中其他文字的【字体】为"楷体"，【字号】为"20"，最终效果如图所示。

3.2.4 设置表格样式

调整表格的行与列之后，用户可以设置表格的样式，使表格看起来更加美观，具体操作步骤如下。

1 选择表格样式

选中表格，单击【表格工具】➤【设计】选项卡下【表格样式】组中的【其他】按钮，在弹出的下拉列表中选择一种表格样式。

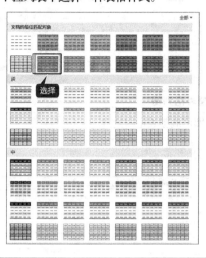

2 应用表格中

即可把选中的表格样式应用到表格中。

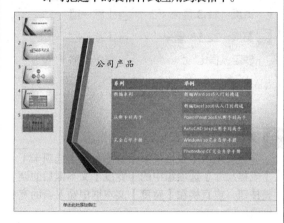

3 设计表格样式

选中表格，单击【表格工具】➤【设计】选项卡下【表格样式】组中的【效果】按钮。

4 选择阴影

在弹出的下拉列表中选择【阴影】➤【透视：左上】选项。

5 添加阴影效果

为表格添加阴影的效果如下图所示。

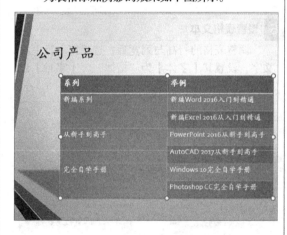

6 选择映像

再次单击【表格样式】选项组中的【效果】按钮，在弹出的下拉列表中选择【映像】➤【映像变体】➤【紧密映像：8pt偏移量】选项。

7 设置表格样式

设置表格样式的最终效果如下图所示。

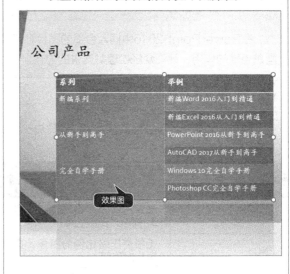

8 选中文本内容

选择表格中的所有文本内容。

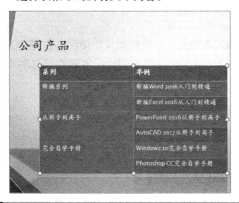

9 设置对齐方式

单击【布局】选项卡下【对齐方式】组中的【居中】按钮和【水平居中】按钮。

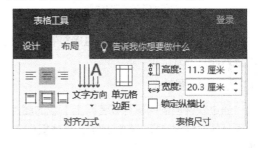

10 最终效果图

将表格内容居中对齐，最终效果如下图所示。

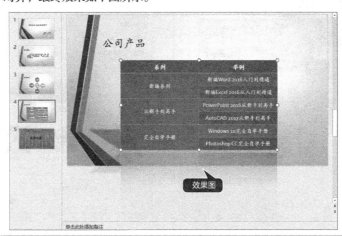

3.3 制作《旅游相册》演示文稿

 本节视频教学时间：18分钟

在PowerPoint 2016中插入合适的图片，不仅能使制作的幻灯片更生动、形象、美观，还能起到画龙点睛的作用，让观众轻松理解演讲的内容。

3.3.1 常用的图片类型

图片格式繁多，每种格式都有自己的特点，下面就介绍4种在PowerPoint中常用的图片格式，以及它们的优点和缺点。

常用格式	优点	缺点
JPG	最常用的图片格式，网络资源丰富，压缩率高，节省空间	拉伸图片超出正常像素大小时会降低精度，导致投影模糊
PNG	无损高压缩比例的图像，适合展示高清图片时使用	文件比较大，个别浏览器不支持
GIF	播放时可以带动画效果	一般文件精度不高，色彩不够丰富
AI	AI格式是一种矢量图形文件，占用硬盘空间小，打开速度快	一般作为源文件

3.3.2 插入图片的方式

在PowerPoint 2016中有多种插入图片的方式，如插入本地图片、联机图片、使用占位符中的图片按钮插入图片，甚至还可以直接复制图片将其粘贴至幻灯片页面中来插入图片。本节介绍几种常用的插入图片方式。

1. 插入本地图片

通过软件自制的图片或者网上下载的图片经过编辑后都可以保存至本地电脑中，然后通过插入本地图片的方式将其插入幻灯片中，具体操作步骤如下。

1 打开素材

打开随书光盘中的"素材\ch03\旅游相册.pptx"演示文稿，单击【插入】选项卡下【图像】选项组中的【图片】按钮。

2 单击【插入】按钮

在弹出【插入图片】对话框中选择插入随书光盘中的"素材\ch03\背景.jpg"图片，单击【插入】按钮。

3 插入图片效果图

即可将图片插入文稿，插入图片效果如图所示。

提示

用户还可以单击【图像】选项组中选择插入【屏幕截图】和【相册】按钮，插入屏幕截图或创建相册，操作方法与插入本地图片类似，这里不再赘述。

2. 插入联机图片

除了插入本地图片外，用户还可以通过插入联机图片的方式在网络中搜索图片插入PPT中，插入联机图片的具体操作步骤如下。

1 新建演示文稿

新建空白演示文稿，单击【插入】选项卡下【图像】选项组中的【联机图片】按钮。

2 单击【搜索】按钮

弹出【插入图片】窗口，在【必应图像搜索】搜索框内输入想要插入的图片关键词"足球"，单击【搜索】按钮进行搜索。

3 选择图片

在搜索结果中选择要插入的图片单击【插入】即可。

4 插入图片效果图

插入图片后的效果如下图所示。

3. 利用占位符插入图片

在【标题和内容】、【两栏内容】、【比较】、【内容与标题】和【图片与标题】幻灯片版式中，可以直接单击文本占位符中的【图片】按钮插入图片，具体操作步骤如下。

1 新建一张幻灯片

新建一张"标题和内容"幻灯片页面。

2 单击文本

单击文本占位符中的【图片】图标 🖼。

3 单击【插入】按钮

弹出【插入图片】对话框，选择插入随书光盘中的"素材\ch03\背景.jpg"图片，单击【插入】按钮。

4 插入图片效果图

使用占位符插入图片的效果如下图所示。

3.3.3 调整图片的大小及位置

插入图片后，如果对图片的大小及位置不满意，用户可以根据需要调整插入图片的大小及位置，使图片显示更合理。

1. 调整图片的大小

1 选择插入的图片

返回至"旅游相册.pptx"演示文稿，选择插入的图片，将鼠标光标放置在图片四周的控制点上，鼠标光标将变为 ⤡ 形状，按住鼠标左键并拖曳，即可调整图片的大小。

2 调整图片大小

至合适大小后，释放鼠标左键，即可完成调整图片大小的操作。

3 设置图片大小

如果要精确调整图片的大小，可以在【格式】选项卡下【大小】组中的【形状高度】和【形状宽度】微调框中输入精确的高度可宽度值。例如这里设置【形状高度】为"11.37厘米"。

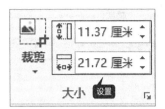

4 最终效果图

精确调整图片大小后的效果如下图所示。

2. 调整图片位置

1 调整图片位置

将鼠标光标放在图片上，当鼠标光标变为形状时，按住鼠标左键并拖曳鼠标光标即可调整图片的位置。

2 调整位置效果

至合适位置后，释放鼠标左键，调整图片位置后的效果如下图所示。

3 选择【置于底层】选项

再次选择插入的图片，单击【格式】选项卡下【排列】组中【下移一层】按钮的下拉按钮，在弹出的下拉列表中选择【置于底层】选项。

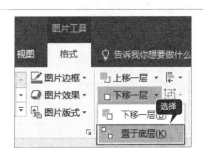

| 4 | 将图片置于底层 | 5 | 设置幻灯片 |

将选择的图片置于底层，效果如下图所示。

在【单击此处添加标题】文本占位符内输入"我的旅游相册"文本，并设置【字体】为"华文琥珀"，【字号】为"80"，【字体颜色】为"紫色"。

| 6 | 最终效果图 |

删除副标题文本占位符，并调整标题的位置，完成首页幻灯片页面的制作，最终效果如下图所示。

3.3.4 提升图片的质量

插入图片后，可以在【格式】选项卡下【调整】选项组设置图片的亮度和对比度，从而改善图片质量，具体操作步骤如下。

| 1 | 新建空白幻灯片 | 2 | 选择插入图片 |

新建空白幻灯片，插入"素材\ch03\北京1.jpg"文件，根据需要调整图片大小、位置。

选择插入的图片，将鼠标光标放在图片上方的⊙图标上，按住鼠标左键并拖曳鼠标，即可旋转图片，至合适位置释放鼠标左键，效果如下图所示。

3 选择锐化 / 柔化

选择插入的图片,单击【图片工具】▶【格式】选项卡下【调整】选项组中的【更正】按钮 ※ 更正·,在弹出的下拉列表中单击【锐化/柔化】选项组中的"锐化:50%"选项。

4 调整亮度 / 对比度

重复上面的步骤,在弹出的下拉列表中单击【亮度/对比度】选项组中的"亮度:+40% 对比度:+40%"选项。

5 提升图片质量

提升图片质量后的效果如下图所示。

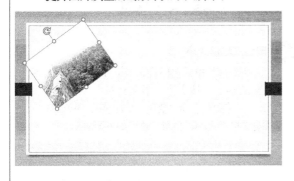

6 调整图片颜色

选择插入的图片,单击【图片工具】▶【格式】选项卡下【调整】选项组中的【颜色】按钮的下拉按钮 颜色·,在弹出的下拉列表中根据需要调整图片颜色。

7 调整后效果

调整后效果如下图所示。

3.3.5 为图片添加艺术效果

图片的风格有时会和幻灯片风格不一致，可以调整图片的艺术效果使其与幻灯片风格协调，具体操作步骤如下。

1 插入素材

在当前的幻灯片页面中插入随书光盘中的"素材\ch03\北京2.jpg"图片，并调整图片大小及位置。

2 单击"画图笔划"风格

选择插入的图片，单击【图片工具】▶【格式】选项卡中【调整】选项组内【艺术效果】按钮的下拉按钮，在弹出的【艺术效果】选项列表中单击"画图笔划"风格。

3 设置艺术效果

设置艺术效果后的效果如下图所示。

4 调整文本框大小

在幻灯片中插入横排文本框并输入文本内容，设置文本【字体】为"华文行楷"、【字号】为"24"、【颜色】为"金色、个性色6、深色25%"，调整文本框大小及位置，效果如下图所示。

3.3.6 更改图片的样式

插入图片后，可以通过添加阴影、发光、映像、柔化边缘、凹凸和三维（3-D）旋转等效果来增强图片的感染力。为图片设置样式的具体操作步骤如下。

1 新建空白幻灯片

新建空白幻灯片，插入随书光盘中的"素材\ch03\杭州1.jpg"文件，根据需要调整图片大小、位置。

2 选择图片样式

选择插入的图片，单击【格式】选项卡下【图片样式】选项组中的【其他】按钮，在弹出的下拉列表中选择一种图片样式，这里选择"柔化边缘椭圆"选项。

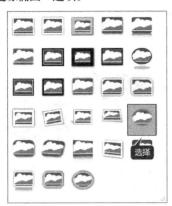

3 设置图片样式

设置图片样式后的效果如下图所示。

4 插入素材

使用同样的方法插入"素材\ch03\杭州2.jpg"文件，并根据需要设置"金属椭圆"图片样式后效果如下图所示。

5 选择【紫色】选项

单击【图片工具】▶【格式】选项卡【图片样式】组中的【图片边框】按钮，在弹出的下拉菜单中选择【紫色】选项。

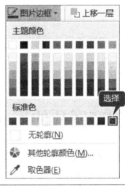

6 设置图片边框

设置图片边框后的效果如下图所示。

7 选择【映像】选项

再次选择该图片，单击【图片工具】▶【格式】选项卡【图片样式】组中的【图片效果】按钮，在弹出的下拉菜单中选择【映像】选项，并从其子菜单中选择【映像变体】▶【半映像、4pt偏移量】。

8 添加半映像

添加半映像的效果图片如下图所示。

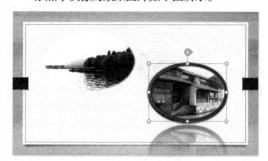

9 单击【图片效果】按钮

单击【图片工具】➤【格式】选项卡【图片样式】组中的【图片效果】按钮，在弹出的下拉菜单中选择【三维旋转】选项，并从其子菜单中选择【平行】区域的【离轴1：右】选项，效果如下图所示。

10 最终效果图

在下方添加文本内容，并根据需要设置字体样式，最终效果如下图所示。

3.3.7 改变图片的形状

裁剪通常用来隐藏或修整部分图片，以便进行强调或删除不需要的部分。

裁剪图片时先选中图片，然后在【图片工具】➤【格式】选项卡【大小】组中单击【裁剪】按钮直接进行裁剪。此时可以进行4种裁剪操作。

(1) 裁剪某一侧：将该侧的中心裁剪控点向里拖动。

(2) 同时均匀地裁剪两侧：按住【Ctrl】键的同时，将任一侧的中心裁剪控点向里拖动。

(3) 同时均匀地裁剪全部4侧：将一个角部裁剪控点向里拖动。

(4) 放置裁剪：通过拖动裁剪方框的边缘移动裁剪区域或图片。

裁剪完成后在幻灯片空白位置处单击或按【Esc】键退出裁剪操作即可。

单击【大小】组中【裁剪】按钮或三角按钮，弹出包括【裁剪】、【裁剪为形状】、【纵横比】、【填充】和【调整】等选项的下拉菜单。

通过该下拉菜单可以进行将图片裁剪为特定形状、裁剪为通用纵横比、通过裁剪来填充形状等操作。

1. 裁剪为特定形状

快速更改图片形状的方法是将其裁剪为特定形状。在剪裁为特定形状时,将自动修整图片以填充形状的几何图形,但同时会保持图片的比例。具体操作方法如下。

1 新建空白幻灯片	**2 选择基本形状**
新建空白幻灯片,插入随书光盘中的"素材\ch03\九寨沟1.jpg"文件,根据需要调整图片大小、位置及样式,选中要裁剪为一定形状的图片。	单击【大小】组中【裁剪】按钮▣的下拉按钮,在弹出的下拉菜单中单击【裁剪为形状】选项,从子菜单中选择【基本形状】区域的【心形】选项。

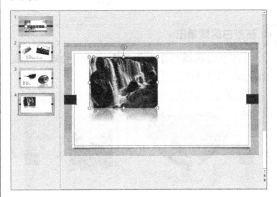
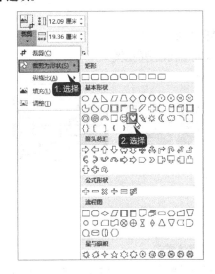

3 裁剪图片

图片裁剪为特定的心形形状后如下图所示。

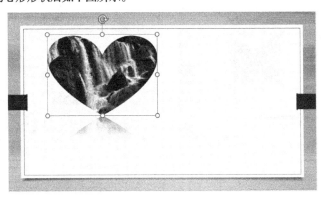

2. 裁剪为通用纵横比

将图片裁剪为通用的照片或通用纵横比,可以使其轻松适合图片框。通过这种方法还可以在裁剪图片时查看图片的比例。具体操作方法如下。

1 打开素材

插入随书光盘中的"素材\ch03\九寨沟2.jpg"文件，根据需要调整图片大小、位置及样式，并选中要裁剪为通用纵横比的图片。

2 单击【纵横比】选项

单击【大小】组中的【裁剪】按钮，在弹出的下拉菜单中单击【纵横比】选项，从弹出的子菜单中选择【纵向】区域的【4:5】选项。

3 裁剪效果

即可看到裁剪的预览效果。

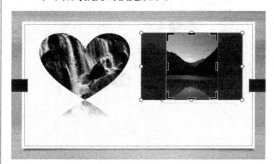

4 在空白区域单击

在空白区域单击即可将图片裁剪为通用纵横比为4：5的图片。

5 设置字体样式

根据需要输入正文内容，并设置字体样式，最终效果如下图所示。

6 最终效果图

复制第一张幻灯片页面，并将其粘贴至最后位置，更改艺术字文本为"谢谢欣赏！"，完成结束幻灯片页面的制作，最终效果如下图所示。

举一反三

本节主要是使用艺术字、表格及图片等美化幻灯片。幻灯片的美化使用非常广泛，类似的还有会议简报、销售策划、公司宣传片、活动推广方案、视频营养报告PPT、企业管理PPT等。下图所示分别为销售策划及管理培训PPT。

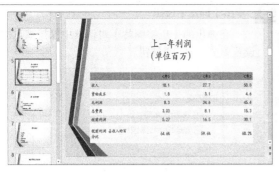

高手私房菜

技巧1: 设置表格的默认样式

如果需要每次创建表格都使用某一个固定样式，可以把需要的样式设置为默认样式，具体操作步骤如下。

1 新建空白幻灯片

新建空白幻灯片并且插入表格。选择插入的表格，单击【表格工具】▶【设计】选项卡中【表格样式】中的【其他】按钮，在弹出的下拉列表中选择要设置为默认样式的表格样式并单击鼠标右键，在弹出的快捷菜单中选择【设为默认值】选项。

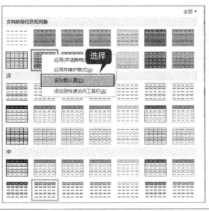

2 插入表格命令

再次执行插入表格命令，即可看到新插入的表格将自动套用设置的默认表格样式。

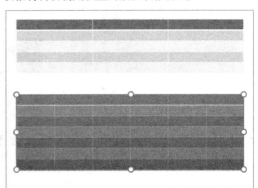

技巧2: 压缩图片为PPT瘦身

插入的图片太大，会造成PPT过于臃肿，压缩图片是解决这个问题的有效方法。

1 新建空白幻灯片

新建空白幻灯片，删除文本占位符。插入随书光盘中的"素材\ch03\灯塔.jpg"图片。

2 选择插入图片

选择插入的图片，执行裁剪操作，此时，裁剪后的图片还可以恢复。单击【图片工具】▶【格式】选项卡中【调整】选项组内【压缩图片】按钮 压缩图片。

3 单击【确定】按钮

在弹出的【压缩图片】对话框中保持默认的设置单击【确定】按钮。

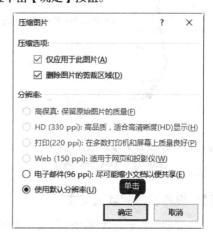

4 裁剪后效果

就完成了压缩图片为PPT瘦身的操作，裁剪后的图片就无法恢复为原图片了。

第 4 章

图形和图表的使用

 本章视频教学时间：42 分钟

图形和图表是 PowerPoint 2016 的重要组成部分，使用图形和图表可以使幻灯片的内容更加丰富。本章介绍绘制和编辑图形、创建 SmartArt 图形等的方法。用户通过对这些高级排版知识的学习，能够更好地提高工作效率。

【学习目标】

通过本章的学习，可以掌握图形和图表的使用方法。

【本章涉及知识点】

掌握绘制图形的基本知识

掌握创建 SmartArt 图形的方法

掌握创建图表的方法

4.1 制作《图形形状》演示文稿

 本节视频教学时间：27分钟

PowerPoint 2016的图形绘制功能十分强大，用户可以绘制出各式各样的图形以供办公或其他需要。

4.1.1 绘制图形

PowerPoint 2016提供了线条、矩形、基本形状、箭头总汇、公式形状、流程图、星与旗帜、标注和动作按钮等多种自选图形，方便用户根据需要选择要绘制的图形。绘制形状的具体操作步骤如下。

1 新建演示文稿

新建空白演示文稿并删除所有的文本占位符，单击【开始】选项卡【绘图】组中的【形状】按钮的下拉按钮，在弹出的下拉菜单中选择【基本形状】区域的【椭圆】形状。

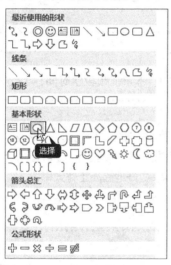

2 绘制形状

此时鼠标指针在幻灯片中的形状显示为+，在幻灯片空白位置处单击，按住鼠标左键并拖曳到适当位置处释放鼠标左键。绘制的椭圆形状如下图所示。

3 最终效果图

重复步骤2~步骤3的操作，在幻灯片中依次绘制【星与旗帜】区域的"五角星"形状和【基本形状】区域的"笑脸"形状。最终效果如下图所示。

提示

单击【插入】选项卡【插图】组中的【形状】按钮，在弹出的下拉列表中选择所需要的形状，也可以在幻灯片中插入形状。

4.1.2 编辑图形

绘制图形后，用户还可以对图形进行编辑，如填充颜色、添加文字、更改边角形状等。

1. 填充图形颜色

用户可以使用形状填充工具为绘制的图形填充颜色，具体操作步骤如下。

1 绘制形状	2 选择一种颜色
绘制一个【十字星】形状。 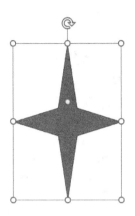	单击【绘图工具】➤【格式】选项卡【形状样式】组中的【形状填充】按钮，在弹出的下拉列表中选择一种颜色。 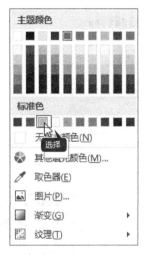
3 效果图	4 设置形状的轮廓
即可看到绘制的图形颜色已经改变。 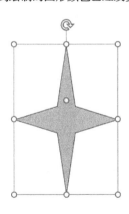	单击【格式】选项卡【形状样式】组中的【形状轮廓】按钮，在弹出的下拉列表中选择一种轮廓颜色，还可以根据需要设置形状的轮廓。 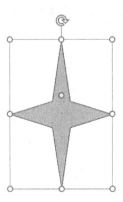

2. 渐变色的填充

除了对图形进行纯色填充外，还可以在PowerPoint 2016中，为创建的图形填充渐变色，具体操作步骤如下。

1 选择绘制的图形

选择上一步绘制的图形，单击【绘图工具】➤【格式】选项卡【形状样式】组中的【形状填充】按钮，在弹出的下拉列表中选择【渐变】➤【其他渐变】菜单命令。

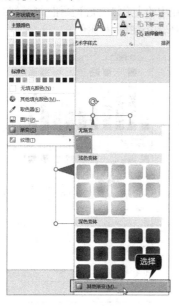

2 设置形状格式

在弹出的【设置形状格式】窗格中的【填充】选项卡下单击选中【渐变填充】单选项。

3 选择【黄色】选项

在【类型】选项中选择【射线】选项，在【方向】选项中选择【从中心】选项，在【颜色】选项中选择【黄色】选项，并拖曳【渐变光圈】到需要的位置。

4 最终效果图

最终效果如下图所示。

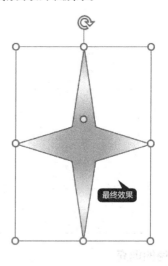

3. 在图形上添加文字

用户可以在图形上添加文字，以使幻灯片的内容看起来更丰富，具体操作步骤如下。

1 选择【编辑文字】菜单命令

绘制一个【五角星】形状，选择绘制的形状并单击鼠标右键，在弹出的快捷菜单中选择【编辑文字】菜单命令。

2 输入文字

在图形上输入文字，文字会在图形上自动居中显示。

3 选择一种颜色

设置字体及大小，并单击【格式】选项卡【艺术字样式】组中的【文本填充】按钮 ，在弹出的下拉列表中选择一种颜色。

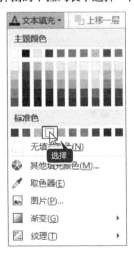

4 最终效果图

最终效果如下图所示。

4. 图形的组合与排列

在PowerPoint 2016中，当绘制多个图形时，可以将这些图形进行统一的组合与排列。

(1) 排列多个图形

用户可以利用对齐功能将多个图形进行规整的排列，具体操作步骤如下。

1 绘制多个图形

绘制多个图形，并利用框选的方式同时选中多个图形。

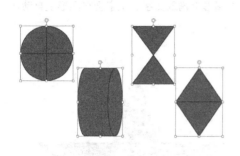

2 选择对齐方式

单击【格式】选项卡【排列】组中【对齐】按钮 的下拉按钮，在弹出的【对齐】快捷菜单列表中选择【顶端对齐】菜单命令。

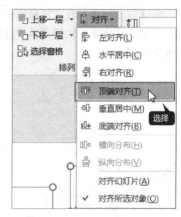

3 效果图

选中的图形会按照【顶端对齐】的方式排列，效果如下图所示。

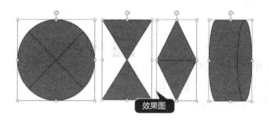

(2) 组合图形

用户在使用PowerPoint 2016制作演示文稿时，有时候需要将图形组合在一起进行操作，下面讲述图形组合的方法，具体操作步骤如下。

1 排列绘制图

绘制图形并将图形按照需要排列好，利用框选的方式选中排列好的图形。

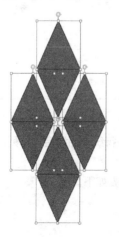

2 选择【组合】命令

单击【格式】选项卡【排列】组中的【组合】按钮 的下拉按钮，从弹出的快捷菜单中选择【组合】命令。

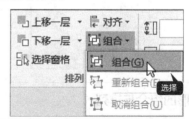

3 组合后的图形

即可看到组合后的图形变为一个整体。

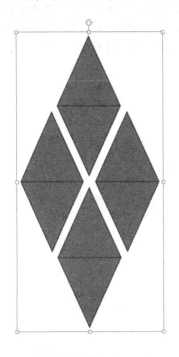

提示

如果需要取消组合，参照步骤 2 选择【取消组合】命令即可。

5. 更改图形的边角形状

在绘制图形时，用户也可以改变图形的边角形状，以使图形看起来更为美观，具体操作步骤如下。

1 绘制五角星形状	**2 效果图**
绘制一个五角星形状，选中图形，用鼠标拖曳图形上的黄色小圆点，可以改变图形的边角形状。 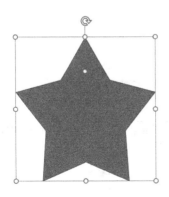	改变图形边角形状后的效果如下图所示。 

4.1.3 绘制并列列表图示

并列列表图指图形与图形之间只有前后之分而无主次之分。制作并列列表图示的具体操作步骤如下。

1 打开 PowerPoint 2016

打开PowerPoint 2016，新建一个空白演示文稿，并将其保存为"图形形状.pptx"单击【设计】选项卡下【主题】组右侧的其他按钮，在列表中选择【基础】主题。

2 新建一个幻灯片

在首页输入"绘制图形形状"文本，并根据需要设置字体样式。单击【开始】选项卡下【幻灯片】组中的【新建幻灯片】按钮，在弹出的下拉列表中选择【空白】选项，新建一个【空白】幻灯片。

3 绘制一个椭圆

单击【开始】选项卡下【绘图】组中【形状】区域的【其他】按钮，在弹出的列表中选择【基本形状】区域的"椭圆"形状，并在幻灯片上绘制一个椭圆。

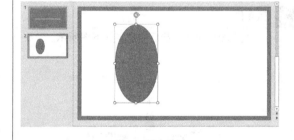

4 调整轮廓

单击【绘图工具】选项下【格式】选项卡【形状样式】组中的【形状填充】按钮，从弹出的颜色列表中选择【白色，背景1，深色5%】选项，设置形状的填充颜色，单击【绘图】组中的【形状轮廓】按钮，在弹出的列表中选择【绿色，个性色1】选项，并调整轮廓的粗细。

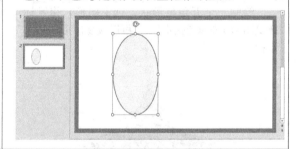

5 填充效果

单击【绘图工具】选项下【格式】选项卡【插入形状】组中的其他按钮，在弹出的列表中选择【流程图】区域下的【排序】形状，在幻灯片中绘制并填充效果，效果如下图所示。

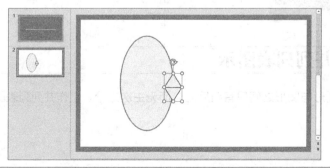

6 选择【置于底层】选项

在圆柱形状上单击鼠标右键，在弹出的快捷菜单中选择【置于底层】选项，将其置于底层。

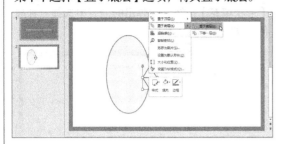

7 再次绘制图形

重复上面的操作，再次绘制该图形，并填充该形状。

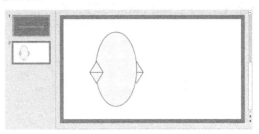

8 调整大小

将新绘制的图形置于顶层，再将绘制完成后的图形组合在一起并调整大小，如下图所示。

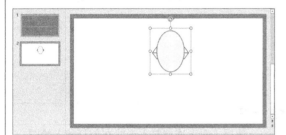

9 填充颜色

单击【绘图工具】选项下【格式】选项卡【插入形状】组中的【其他】按钮，在弹出的列表中选择【线条】区域的【直线】选项，在幻灯片中画直线，并在直线顶端绘制椭圆，根据需要填充颜色后效果如下图所示。

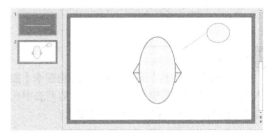

10 调整位置

继续上一步绘制直线和椭圆，并调整位置，绘制完成后效果如下图所示。

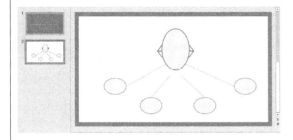

11 调整字体颜色

在直线上和绘制的图形中输入文字并调整字体颜色和位置，制作完成后并列图标示例如下图所示。

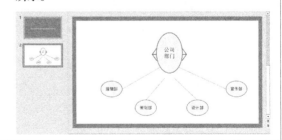

4.1.4 绘制流程步骤图示

流程步骤图是利用一定的符号将实际的流程图展示出来，以便于确定可能的变量。它可以对要改进的过程有一个全面的、统一的了解。制作流程步骤图示的具体操作步骤如下。

1 新建空白幻灯片

新建一个空白幻灯片，单击【绘图】组中的【形状】区域的【其他】按钮，在弹出的列表中选择【矩形】区域的【圆角矩形】形状。

2 选择一种颜色

使用矩形工具在幻灯片上绘制图形，绘制完成后单击【格式】选项卡【形状样式】组中的【形状填充】按钮，在弹出的列表中选择一种颜色，效果如下图所示。

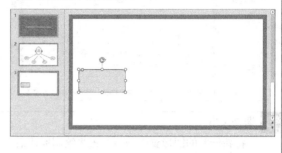

3 插入形状

单击【绘图工具】选项下【格式】选项卡【插入形状】组中的【其他】按钮，在弹出的列表中选择【线条】区域下的【肘形连接符】形状。

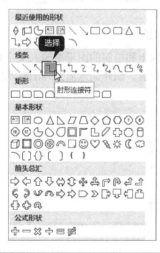

4 调整形状

使用【肘形连接符】形状在幻灯片上绘图，并调整图形与颜色，调整插入形状的大小，如下图所示。

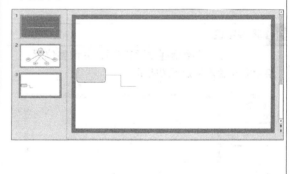

5 拖曳鼠标复制

按住【Ctrl】键拖曳鼠标复制【圆角矩形】图形和【肘形连接符】图形，效果如下图所示。

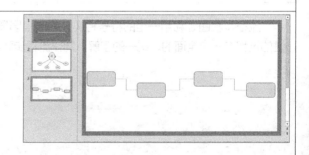

6 输入文字

在【圆角矩形】图形中和【肘形连接符】图形上输入文字并调整图形和文字。

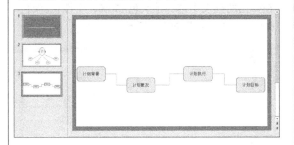

7 插入图形

单击【插入图形】组中的【其他】按钮,在弹出的列表中选择【标注】区域的【圆角矩形标注】形状。

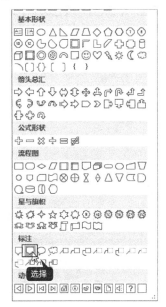

8 填充颜色

在幻灯片中绘制【圆角矩形标注】图形,在图形中输入文字,并填充颜色调整位置,如下图所示。

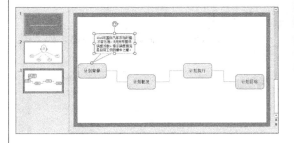

9 最终效果图

继续绘制【圆角矩形标注】图形,分别输入文字,并填充颜色和调整位置,最终效果如下图所示。

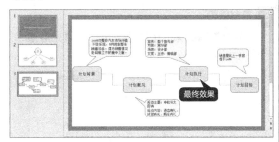

4.1.5 绘制循环重复图示

循环重复图指利用绘图的方式表现出周而复始地完成一整套工序的过程。制作循环重复图的具体操作步骤如下。

1 新建幻灯片

新建一张幻灯片,单击【开始】选项卡下【绘图】组中的【形状】区域的【其他】按钮,在弹出的列表中选择【箭头总汇】区域下的【上弧形箭头】形状。

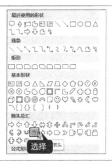

2 调整边角形状

在幻灯片上绘制图形，调整边角形状，单击【绘图工具】选项下【格式】选项卡【形状样式】组中的【形状填充】选项，在弹出的列表中选择【水绿色，个性色4，淡色80%】选项，效果如下图所示。

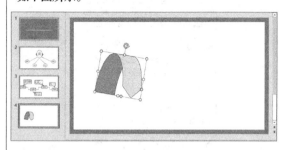

3 形状填充

按住【Ctrl】键拖曳鼠标复制图形，并调整位置，单击【绘图】组中的【形状填充】按钮，在弹出的列表中选择【灰色-50%，个性色6淡色60%】选项，效果如下图所示。

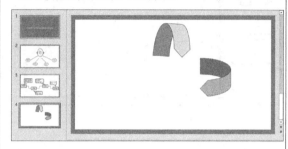

4 调整位置

接着再复制两个，调整位置，并填充颜色。

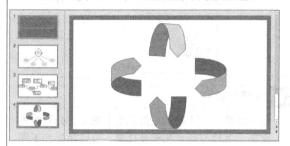

5 填充相同颜色

在幻灯片上绘制一个椭圆，放在第一个图形旁边并填充相同的颜色。

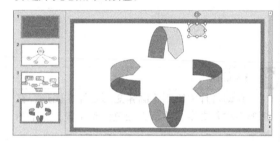

6 复制椭圆

复制椭圆到第二个图形旁边，并填充与第二个图形相同的颜色。

7 重复步骤6

重复步骤6，复制椭圆并填充颜色，如下图所示。

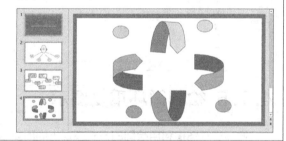

8 调整文字

在椭圆图形中输入数字序号，在旁边输入文字并调整文字，如下图所示。

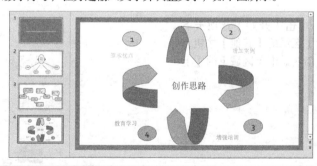

4.1.6 绘制图文混排图示

图文混排指利用绘图加文字排列的方式表现出某一个内容。制作图文混排图的具体操作步骤如下。

1 新建空白幻灯片

新建一个空白幻灯片，单击【绘图】组中的【形状】区域的【其他】按钮，在弹出的列表中选择【基本形状】区域下的【椭圆】形状，在幻灯片上绘制一个椭圆图形。

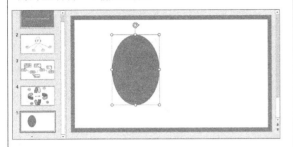

2 选择【图片】选项

绘图完成后按住图片上的旋转按钮旋转图片至合适位置，并单击【绘图工具】选项下【格式】选项卡【形状样式】区域【形状填充】按钮，在弹出的列表中选择【图片】选项。

3 插入图片

在弹出的窗口中单击【来自文件】选项中的【浏览】按钮，弹出【插入图片】窗口，选择随书光盘中的"素材\ch04\插图.jpg"文件，单击【插入】按钮插入图片。

4 调整位置

单击【绘图工具】选项下【格式】选项卡【插入形状】组中的【其他】按钮，在弹出的列表中选择【流程图】区域下的【流程图：库存数据】形状，在幻灯片上绘制图形并调整位置。

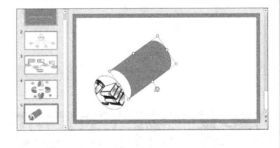

5 单击【插入】按钮

单击【绘图工具】选项下【格式】选项卡【形状样式】组中【形状填充】按钮，在弹出的列表中选择【图片】选项。在弹出的【插入图片】对话框中单击【来自文件】选项中的【浏览】按钮，选择随书光盘中的"素材\ch04\闭幕图.jpg"文件，单击【插入】按钮。

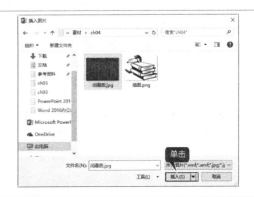

6 单击【组合】命令

插入图片以后，调整两张图片的位置，框选两张图片，单击【排列】组中的【组合】选项，在弹出的列表中单击【组合】命令。

7 形状效果

单击【形状样式】组中的【形状效果】选项，在弹出的列表中选择【阴影】选项下【透视】区域的【右上对角透视】选项。

8 最终效果图

在幻灯片下方输入文字并调整字体和颜色，选择直线工具在文字下方绘制一条直线，最终效果如下图所示。

4.2 制作《销售业绩PPT》演示文稿

本节视频教学时间：12分钟

SmartArt图形是一种特殊的矢量图形对象，该对象组合形状、线条和文本占位符。SmartArt图形经常用于阐释少量文本之间的关系。图表能使大量的统计资料系统化、条理化，因而能更加清晰地表述统计资料的内容。本节以制作销售业绩演示文稿为例介绍PowerPoint 2016中SmartArt图形及图表的使用。

4.2.1 创建SmartArt图形

SmartArt图形是信息和观点的视觉表示形式。用户可以通过多种不同布局进行选择来创建SmartArt图形，从而快速、轻松和有效地传达信息。

1 打开素材

打开随书光盘中的"素材\ch04\销售业绩PPT.pptx"文件,选择"业务种类"幻灯片页面。

2 单击【SmartArt】按钮

单击【插入】选项卡下【插图】组中的【SmartArt】按钮。

3 单击【确定】按钮

弹出【选择SmartArt】对话框,单击【列表】区域的【梯形列表】图样,然后单击【确定】按钮。

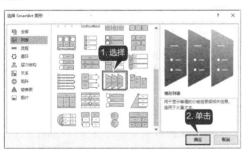

4 创建一个梯形

即可在幻灯片中创建一个梯形列表SmartArt图形。

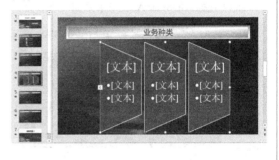

4.2.2 更改SmartArt图形中的文字

创建SmartArt图形后,用户就可以根据需要在SmartArt图形中输入文字内容,具体操作步骤如下。

1 创建 SmartArt 图形

SmartArt图形创建完成后,在要输入文本的位置处单击,即可取消"文本"字样的显示。

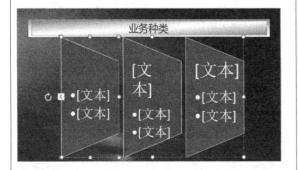

2 输入文本内容

输入文本内容,在其他位置处单击,就完成输入文字的操作。

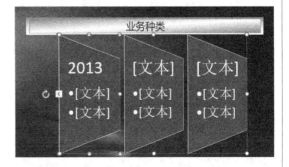

3 输入内容

使用同样的方法，在其他文本位置处输入内容。

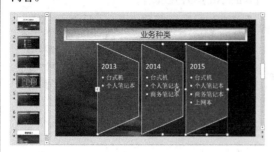

4 添加形状

单击【SmartArt工具】➤【设计】选项卡下【创建图形】组中的【添加形状】按钮 右侧的下拉按钮，在弹出的下拉列表中选择【在后面添加形状】选项。

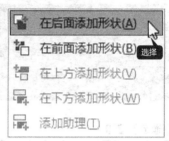

5 添加一个形状

即可在插入的SmartArt图形中添加一个形状。

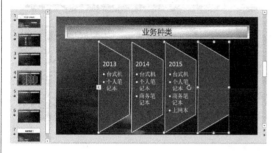

6 添加文字

单击【SmartArt工具】选项下【设计】选项卡【创建图形】组中【文本窗格】按钮 ，打开【在此处键入文字】窗格来添加文字。

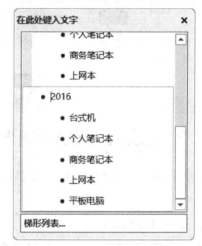

7 添加文字效果

添加完成后，关闭【在此处键入文字】窗格，即可看到添加文字后效果。

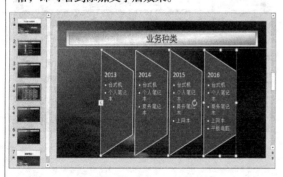

8 效果图

将鼠标光标放在四周的控制点上，按住鼠标左键并拖曳鼠标，可以调整SmartArt图形的大小，效果如下图所示。

4.2.3 美化SmartArt图形

创建SmartArt图形后，可以更改图形中的一个或多个形状的颜色和轮廓等，使SmartArt图形看起来更美观。

1 选择 SmartArt 图形

单击选择SmartArt图形边框，然后单击【SmartArt工具】➤【设计】选项卡【SmartArt样式】组中的【更改颜色】按钮，在弹出的下拉菜单中选择【彩色】区域的【彩色–个性色】选项。

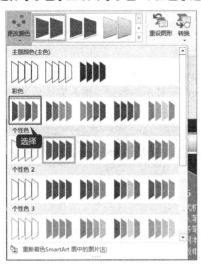

2 更改颜色样式

更改颜色样式后的效果如下图所示。

3 选择【嵌入】选项

单击【SmartArt】选项组中的【其他】按钮，在弹出的下拉列表中选择【三维】区域中的【嵌入】选项。

4 效果图

美化SmartArt图形的效果如下图所示。

4.2.4 使用图表设计业绩综述幻灯片页面

与文字数据相比，形象直观的图表更容易让人理解，幻灯片中的图表可以使幻灯片的显示效果更加清晰。

1 选择幻灯片

选择"业绩综述"幻灯片。

2 插入图表

单击【插入】选项卡下【插图】组中的【图表】按钮。

3 单击【确定】按钮

弹出【插入图表】对话框，在【所有图表】区域选择【柱形图】中的【簇状柱形图】选项，单击【确定】按钮。

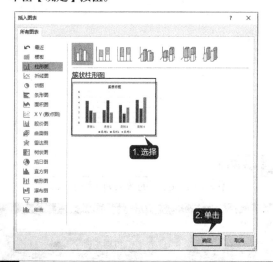

4 输入数据

PowerPoint会自动弹出Excel工作表，在表格中输入需要显示的数据，输入完毕后关闭Excel表格。

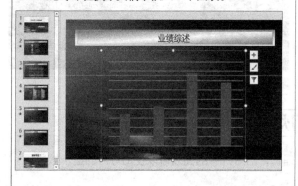

5 插入一个图表

此时即在演示文稿中插入一个图表。

6 选择【样式12】选项

选择插入的图表，单击【图表工具】➤【设计】选项卡下【图表样式】组中的【其他】按钮，在弹出的下拉列表中选择【样式12】选项。

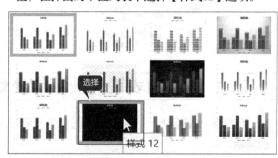

7 选择【颜色7】选项

单击【图表样式】选项组中的【更改颜色】按钮，在弹出的下拉列表中选择【颜色7】选项。

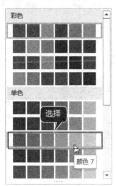

8 更改颜色

即可为图表更改颜色。

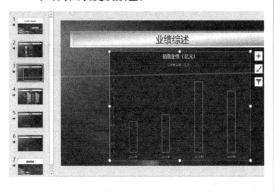

9 选择【数据标签外】选项

单击【图表工具】➤【设计】选项卡下【图表布局】组中的【添加元素】按钮，在弹出的下拉列表中选择【数据标签】➤【数据标签外】选项。

10 最终效果图

设计业绩综述幻灯片的最终效果如下图所示。

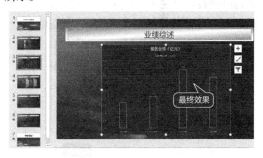

4.2.5 使用图表设计地区销售幻灯片页面

在地区销售幻灯片中插入图表的具体操作步骤如下。

1 插入图表

接上节的操作，选择"地区销售"幻灯片，并单击文本占位符中的【插入图表】按钮。

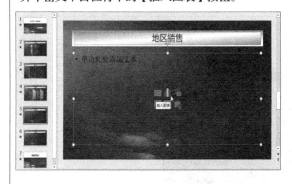

2 单击【确定】按钮

弹出【插入图表】对话框，在【所有图表】区域单击【饼图】选项，在右侧选择【三维饼图】选项，单击【确定】按钮。

3 关闭 Excel 表格

PowerPoint会自动弹出Excel工作表，在表格中输入需要显示的数据，输入完毕后关闭Excel表格。

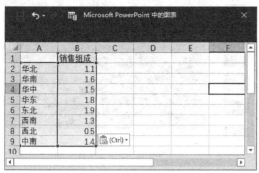

4 插入一个图表

此时即在演示文稿中插入一个图表。

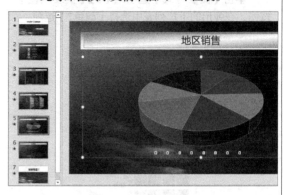

5 添加元素

单击【图表工具】▶【设计】选项卡下【图表布局】组中的【添加图表元素】按钮，在弹出的下拉列表中选择【数据标签】▶【数据标签内】选项。

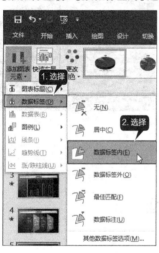

6 最终效果图

设计地区销售幻灯片页面的最终效果如下图所示。

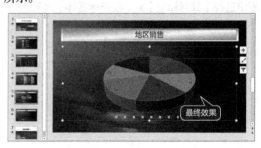

4.2.6 设计未来展望幻灯片内容

设计未来展望幻灯片的具体操作步骤如下。

1 选择幻灯片

接上节的操作，选择"未来展望"幻灯片。

2 选择形状

单击【开始】选项卡下【绘图】组中的【形状】按钮，在弹出的下拉列表中选择【箭头总汇】区域中的【上箭头】形状。

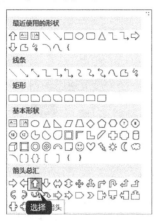

3 绘制上箭头形状

此时鼠标指针在幻灯片中的形状显示为↑，在幻灯片空白位置处单击，按住鼠标左键并拖曳到适当位置处释放鼠标左键。绘制的上箭头形状如下图所示。

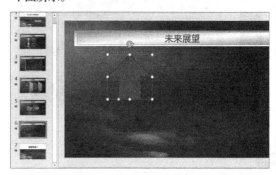

4 选择填充颜色

单击【绘图工具】➤【格式】选项卡下【形状样式】组中的【形状填充】按钮，在弹出的下拉列表中选择一种填充颜色。

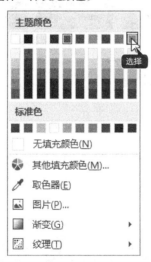

5 设置形状轮廓

单击【形状样式】选项组中的【形状轮廓】按钮，设置一种形状轮廓的颜色，并设置轮廓的粗细。

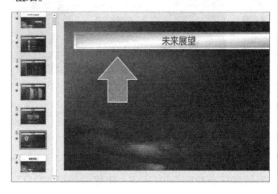

6 设置形状格式

重复上面的操作步骤，插入矩形形状，并设置形状格式。

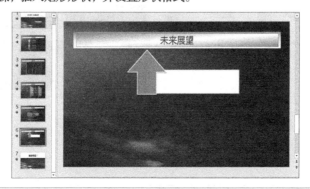

7 设置图形格式

选择插入的图形并复制粘贴2次，并调整图形的位置，重复上面的操作步骤，设置图形的格式。

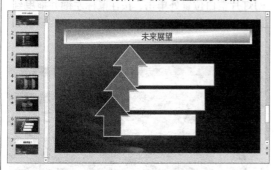

8 编辑文字形状

选择一个要编辑文字的形状，单击鼠标右键，在弹出的快捷菜单中单击【编辑文字】菜单命令。

9 编辑文字

即可为形状编辑文字，输入文字后效果如下图所示。

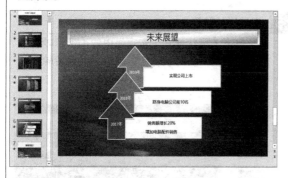

10 最终效果图

根据需要设置字体样式，完成《销售业绩PPT》演示文稿的制作，最终效果如下图所示。

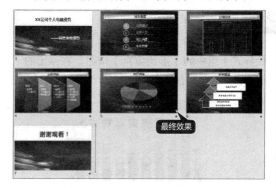

举一反三

本节主要是使用表格、图片、形状、SmartArt图形等美化幻灯片。幻灯片的美化使用非常广泛，类似的还有营销会议PPT、年终总结报告PPT、销售计划PPT、人事管理PPT、工资对比分析PPT等。下图所示分别为年终总结报告及工资对比分析PPT。

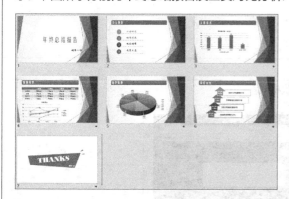

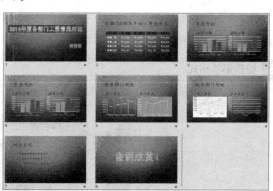

高手私房菜

技巧1：更改SmartArt图形中图形的形状

每个SmartArt布局有自己默认的图形形状，这些默认的形状未必是自己喜欢的，用户可以根据自己的喜好手动更改这些布局中的图形形状。更改SmartArt图形中图形的形状的具体操作步骤如下。

1 打开素材

打开随书光盘中的"素材\ch04\更改图形形状.pptx"文件。

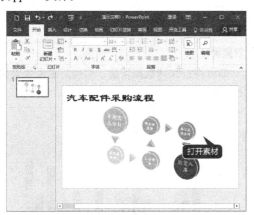

2 选中图形形状

按住【Ctrl】键选中所有的图形形状。

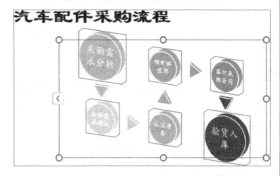

3 选择 SmartArt 图形

单击选择SmartArt图形，然后单击【SmartArt工具】▶【格式】▶【形状】中的【更改形状】下拉按钮，在弹出的列表中选择【圆角矩形】样式。

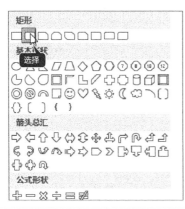

4 更改图形形状

更改图形形状后效果如下图所示。

技巧2：按行和按列创建图表比较

默认情况下，数据表的列形成数据系列，然而，有时候为了承载不同的信息，常常使用行形成数据系列。如下左图按季度进行比较，表达的信息是随时间的增长（或减少）情况。而下右图则是将一个地区与另一个地区进行对比。显而易见，同样的数据不同的表示方法，则传递出完全不同的信息。按列或按行之间来回切换的具体操作步骤如下。

1 打开素材

打开随书光盘中的"素材\ch04\按行和按列创建图表比较.pptx"文件，选中幻灯片中的图表。

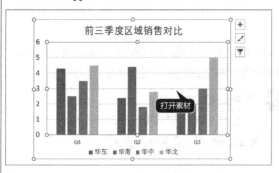

2 数据编辑

单击【设计】选项卡下【数据】面板中的【数据编辑】按钮。弹出Excel数据表格。

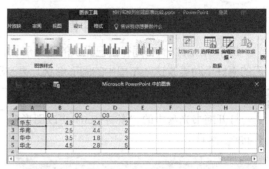

3 单击幻灯片

再次单击幻灯片中的图表，可以看到【设计】选项卡【数据】面板中的【切换行/列】按钮处于可选择状态，单击该按钮。

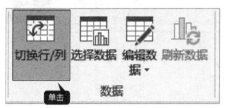

4 效果图

即可将行和列数据切换，切换后图表效果如下图所示。

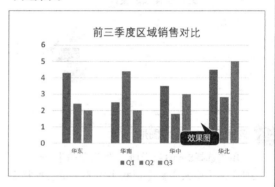

第 5 章

模板与母版

 本章视频教学时间：21 分钟

对于初学者来说，模板就是一个框架，可以方便地填入内容。在 PPT 中使用了模板和母版，那么如果要修改所有幻灯片标题的样式，只需要在幻灯片的母版中修改一处即可。

【学习目标】

通过本章的学习，可以掌握模板与母版的使用方法。

【本章涉及知识点】

掌握设计模板的方法

掌握自定义模板的方法

5.1 制作《公司年会方案PPT》演示文稿

 本节视频教学时间：6分钟

模板就是版式，用于确定幻灯片显示哪些内容占位符以及它们的排列方式。例如，默认版式称为"标题和内容"，其中包含一个位于幻灯片顶部的标题以及一个位于中央、用于正文内容的多用途占位符。

5.1.1 应用内置主题样式

PowerPoint 2016内置了大量主题样式，便于用户使用。

1 打开素材

打开随书光盘中的"素材\ch05\公司年会方案PPT.pptx"文件。

2 单击【设计】选项

单击【设计】选项卡下【主题】组中的【其他】按钮。

3 选择主题样式

在弹出的下拉列表中选择一种主题样式，这里选择【镶边】主题样式。

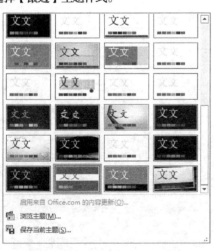

4 添加主题样式

即可为演示文稿添加选择的主题样式。

5.1.2 更改背景样式

应用内置样式后，还可以根据需要选择主题的变体样式并更改背景颜色，具体操作步骤如下。

1 选择一种变体

在【设计】选项卡【变体】选项组可以看到【镶边】主题样式的多种变体样式。选择一种变体。

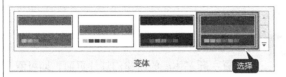

2 变体后的效果

即可看到应用变体后的效果。

3 选择样式

单击【设计】选项卡【变体】选项组中的【其他】按钮，在弹出的列表中选择【背景样式】➤【样式8】选项。

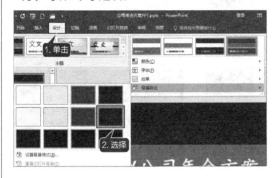

4 更改后的效果

即可看到更改主题背景样式后的效果。

5.1.3 设置配色方案

PowerPoint中自带的主题样式如果都不符合当前的幻灯片，用户可以自行搭配颜色以满足需要。每种颜色的搭配都会产生一种视觉效果。

1 选择颜色

单击【设计】选项卡【变体】选项组中的【其他】按钮，在弹出的列表中选择【颜色】➤【绿色】选项。

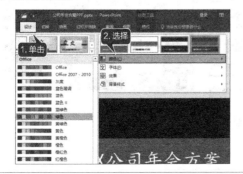

2 设置配色方案

设置配色方案后的效果如下图所示。

> **提示**
> 选择【自定义颜色】选项，在弹出的【新建主题颜色】对话框中选择适当的颜色进行整体的搭配。

5.1.4 设置主题字体

主题字体定义了两种字体：一种用于标题，另一种用于正文文本。二者可以是相同的字体（在所有位置使用），也可以是不同的字体。PowerPoint使用这些字体可以构造自动文本样式，更改主题字体将对演示文稿中的所有标题和项目符号文本进行更新。

1 选择主题字体样式

单击【设计】选项卡【变体】选项组中的【其他】按钮，在弹出的列表中选择【颜色】选项，在其下一级子菜单中选择一种主题字体样式。

2 设置主题字体

设置主题字体后的新建幻灯片页面，即可看到新幻灯片页面标题字体为"华文楷体"，正文字体为"微软雅黑"。

5.1.5 设置主题效果

主题效果是应用于文件中元素的视觉属性的集合。主题效果、主题颜色和主题字体三者构成一个主题。

1 选择【发光边缘】选项

单击【设计】选项卡【变体】选项组中的【其他】按钮，在弹出的列表中选择【效果】▶【发光边缘】选项。

2 页面效果

即可看到设置主题效果后的幻灯片页面效果。

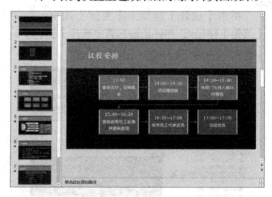

5.1.6 添加幻灯片编号

在演示文稿中既可以添加幻灯片编号、备注页编号、日期和时间，还可以添加水印。在演示文稿中添加幻灯片编号的具体操作步骤如下。

1 单击【幻灯片编号】按钮

选择第一张幻灯片页面，单击【插入】选项卡下【文本】组中的【幻灯片编号】按钮。

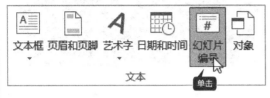

2 单击【应用】按钮

弹出【页眉和页脚】对话框，选中【幻灯片编号】复选框，单击【应用】按钮。

3 插入幻灯片编号

选择的幻灯片右下角即插入幻灯片编号。

4 全部应用

此时，其他幻灯片页面并没有添加编号，如果需要为所有幻灯片页面添加编号，只需要重复步骤1~步骤2的操作，在【页眉和页脚】对话框中单击【全部应用】按钮即可。

5.1.7 添加时间和日期

在演示文稿中添加日期和时间的具体操作步骤如下。

1 单击【日期和时间】按钮

选择第一张幻灯片页面，单击【插入】选项卡下【文本】组中的【日期和时间】按钮。

2 单击【全部应用】按钮

弹出【页眉和页脚】对话框，选中【日期和时间】复选框，单击【全部应用】按钮。

3 添加时间和日期

即可在幻灯片页面的左下角添加时间和日期。

4 对幻灯片进行调整

设置样式后，根据需要对幻灯片中标题和正文文本框的位置进行调整，制作完成的公司年会方案PPT演示文稿最终效果如下图所示。

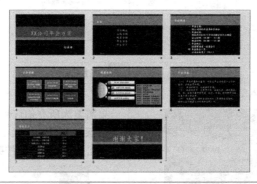

5.2 制作《市场调查PPT》模板

本节视频教学时间：12分钟

母版是示例幻灯片，并非常规演示文稿的一部分，仅在幕后为实际幻灯片提供其设置。母版包含你希望在演示文稿的所有幻灯片中保持一致的格式设置。从技术角度讲，不是在向幻灯片应用主题，而是向幻灯片母版应用主题，然后再向幻灯片应用幻灯片母版。

5.2.1 自定义母版主题样式

幻灯片母版可以用来制作演示文稿中的背景、颜色主题和动画等。使用幻灯片中的母版也可以快速制作出多张具有特色的幻灯片。根据需求自定义母版主题样式的具体操作步骤如下。

1 新建演示文稿

启动PowerPoint 2016，新建演示文稿，并将其保存为"市场调查PPT.pptx"幻灯片。单击【视图】选项卡【母版视图】组中的【幻灯片母版】按钮。

2 切换母版视图

切换到幻灯片母版视图，并显示【幻灯片母版】选项卡，在左侧列表中单击第1张幻灯片，单击【插入】选项卡下【图像】组中的【图片】按钮。

3 插入图片

在弹出的【插入图片】对话框中选择"素材\ch05\背景.gif"文件，单击【插入】按钮。

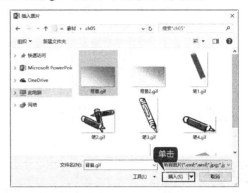

4 调整图片

将"背景"插入到幻灯片中，选择插入的图片，并根据需要调整图片的大小及位置。

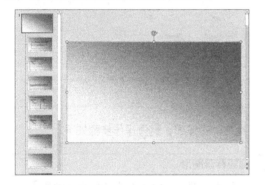

5 将图片置于底层

在插入的背景图片上单击鼠标右键，在弹出的快捷菜单中选择【置于底层】➤【置于底层】菜单命令，将背景图片在底层显示。

6 插入其他图片

使用同样的方法插入"素材\ch05\笔1.gif""素材\ch05\笔2.gif""素材\ch05\笔3.gif"和"素材\ch05\笔划2.gif"文件，并调整它们的位置。

提示

本例中将"笔1.gif"和"笔3.gif"重叠处理，并需要适当调整所有插入图片的大小及位置。

7 设置形状填充

选择标题框，设置【形状填充】为"浅绿"并设置"线性向右"填充，添加"棱台"形状效果。

8　设置标题文字

设置标题文字【字体】为"华文行楷"，【字号】为"48"，设置文本左对齐。

9　设置正文文本样式

根据需要设置正文文本样式，效果如下图所示。

10　设置背景效果

在【幻灯片模板】选项卡的【背景】组中还可以根据需要设置背景效果，设置方法与5.1节操作类似。设置完成，效果如下图所示。

5.2.2　设计幻灯片首页样式

自定义模板主题样式后，用户可以根据需要设置幻灯片首页的样式，具体操作步骤如下。

1　选择第 2 张幻灯片

幻灯片母版视图中，在左侧列表中选择第2 张幻灯片。

2　隐藏背景图形

选中【背景】组中的【隐藏背景图形】复选框，并删除标题文本框。

3 插入图片

单击【插入】选项卡下【图像】组中的【图片】按钮，在弹出的【插入图片】对话框中选择"素材\ch05\背景2.gif"文件，单击【插入】按钮，将"背景2"插入幻灯片中，选择插入的图片，根据需要调整图片的大小及位置，将其置于底层显示。

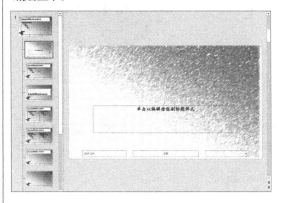

4 插入其他文件

删除副标题文本样式，并使用同样的方法插入"素材\ch05\笔4.gif""素材\ch05\图1gif"和"素材\ch05\笔划1.gif"文件，根据需要调整它们的大小及位置，完成幻灯片首页样式的设置，效果如下图所示。

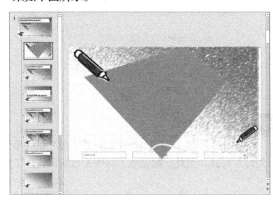

5.2.3 插入新的母版样式

在设计母版版式时，如果需要在一个演示文稿中使用多个版式，可以根据需要插入新的母版版式，具体操作步骤如下。

1 插入幻灯片母版

单击【幻灯片母版】选项卡下【编辑母版】组中的【插入幻灯片母版】按钮。

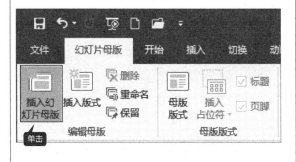

2 插入新的模板样式

即可在当前母版样式下方插入新的模板样式。

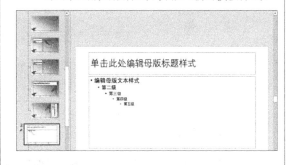

3 设计母版样式

根据需要设计母版样式，效果如下图所示。

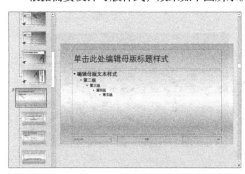

提示

单击【幻灯片母版】选项卡下【编辑母版】组中的【主题】按钮的下拉按钮，在弹出的下拉列表中选择系统内置的主题样式，也可以快速地插入新的母版。

4 单击【关闭母版视图】按钮

设置完成，单击【幻灯片母版】选项卡下【关闭】组中的【关闭母版视图】按钮。

5 返回普通视图

返回至普通视图后，删除首页的图形及占位符，效果如下图所示。

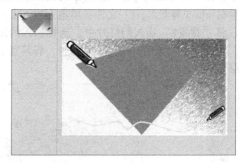

6 显示幻灯片样式

单击【开始】选项卡下【幻灯片】组中的【新建幻灯片】按钮，在弹出的下拉列表中即可显示多个母版幻灯片样式。至此，就完成了制作《市场调查PPT》模板的操作。

举一反三

本节主要介绍PowerPoint 2016中模板及母版的使用。使用模板和母版可以使制作的演示文稿更美观，其应用非常广泛，通常情况下都需要为制作的演示文稿添加系统内置的模板或者自定义母版样式。下图所示分别为制作完成产品推广方案和企业发展战略PPT母版。

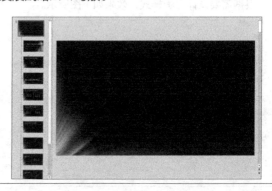

高手私房菜

技巧1: 将制作完成的PPT母版保存

设置母版样式后，可以将母版保存为模板的形式，便于以后使用，具体操作步骤如下。

1 单击文件

接5.2节操作，制作完成母版后，单击【文件】选项卡，选择【另存为】选项，在【另存为】区域选择【这台电脑】选项并单击【浏览】按钮。

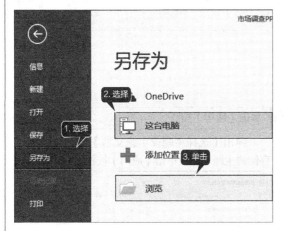

2 输入名称

弹出【另存为】对话框，选择模板文件保存的位置，在【文件名】文本框中输入名称"自定义母版"，在【保存类型】下拉列表中选择【PowerPoint 模板（*.potx）】选项，单击【保存】按钮。

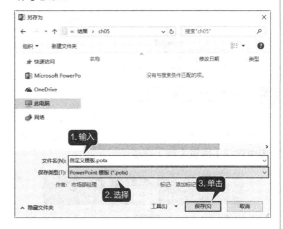

3 保存模板格式

即可将自定义的母版保存为模板格式。

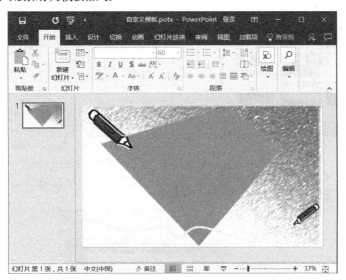

技巧2: 保存自定义主题并应用至其他演示文稿

设置主题样式后，可以将主题保存，方便在其他演示文稿中使用，具体操作步骤如下。

1 选择【保存当前主题】选项

单击【设计】选项卡下【主题】组中的【其他】按钮，在弹出的下拉列表中选择【保存当前主题】选项。

2 选择存储位置

弹出【保存当前主题】对话框，设置文件名名称，并选择存储位置，单击【保存】按钮。

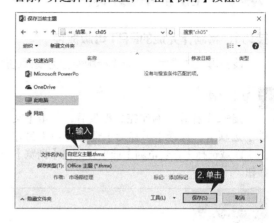

3 选择【浏览主题】选项

新建空白演示文稿。单击【设计】选项卡下【主题】组中的【其他】按钮，在弹出的下拉列表中选择【浏览主题】选项。

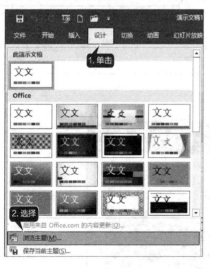

4 单击【应用】按钮

弹出【选择主题或主题文档】对话框，选择存储的主题名称，单击【应用】按钮。

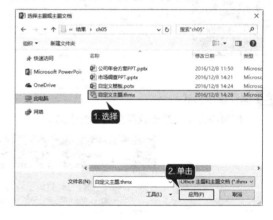

5 应用主题样式

即可将自定义的主题样式应用至新创建的演示文稿中。

第6章

添加多媒体

 本章视频教学时间：17 分钟

PowerPoint 可以创建完美的多媒体演示文稿，使幻灯片更富有感染力。本章就来介绍在 PowerPoint 2016 中添加多媒体文件的方法。

【学习目标】

通过本章的学习，可以掌握在幻灯片中添加音频和视频的方法及对音频和视频的设置。

【本章涉及知识点】

了解添加音频的方法
了解设置音频的方法
了解添加视频的方法
了解设置视频的方法

6.1 制作《公司宣传PPT》演示文稿

🎬 本节视频教学时间：8分钟

在演示文稿中使用声音要有它的合理理由，如果仅仅为了有趣而添加许多声音，那么听众可能会失去对信息严肃性的尊重。本节通过制作《公司宣传PPT》演示文稿介绍添加及设置音频文件的方法。

6.1.1 PowerPoint 2016支持的声音格式

PowerPoint 2016支持的声音格式比较多，下表所示的这些音频格式都可以添加到PowerPoint 2016中。

音频文件	音频格式
AIFF 音频文件（aiff）	*.aif 、*.aifc 、*.aiff
AU 音频文件（au）	*.au 、*.snd
MIDI 文件（midi）	*.mid 、*.midi 、*.rmi
MP3 音频文件（mp3）	*.mp3 、*.m3u
Windows 音频文件（wav）	*.wav
Windows Media 音频文件（wma）	*.wma 、*.wax
QuickTime 音频文件（aiff）	*.3g2 、*.3gp 、*.aac 、*.m4a 、*.m4b 、*.mp4

6.1.2添加音频

在PowerPoint 2016中，既可以添加来自文件、剪贴画中的音频，使用CD中的音乐，还可以自己录制音频并将其添加到演示文稿中。将PC上的音频文件添加到幻灯片中的具体操作方法如下。

1 打开素材

打开随书光盘中的"素材\ch06\公司宣传PPT.pptx"文件，选择要添加音频文件的幻灯片页面。

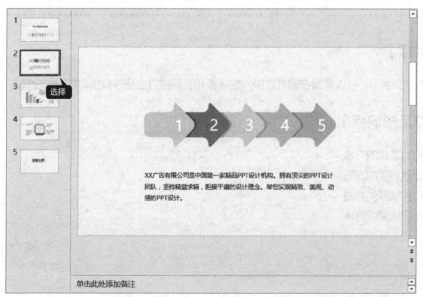

2 选择【PC 上的音频】选项

单击【插入】选项卡下【媒体】组中的【音频】按钮，在弹出的下拉列表中选择【PC上的音频】选项。

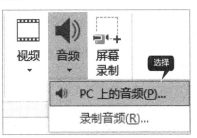

3 插入音频

弹出【插入音频】对话框，选择随书光盘中的"素材\ch06\声音.mp3"文件，单击【插入】按钮。

4 调整适当位置

所需要的音频文件将会直接应用于当前幻灯片中。拖动图标调整到幻灯片中的适当位置。

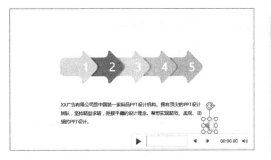

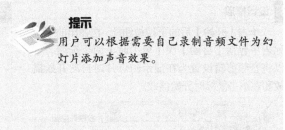

提示

用户可以根据需要自己录制音频文件为幻灯片添加声音效果。

6.1.3 播放音频

在幻灯片中插入音频文件后，可以播放该音频文件以试听效果。播放音频的方法有以下两种。

(1) 选中插入的音频文件后，单击音频文件图标 下的【播放】按钮▶即可播放音频。

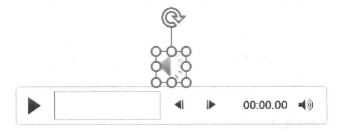

另外，可以单击【向前/向后移动】按钮 ◀◀ ▶▶ 调整播放的速度，也可以使用 ◀» 按钮来调整声音的大小。

(2) 单击【音频工具】➤【播放】选项卡下【预览】组中的【播放】按钮播放插入的音频文件。

6.1.4 设置播放选项

在进行演讲时，可以将音频剪辑设置为在显示幻灯片时自动开始播放、在单击鼠标时开始播放或播放演示文稿中的所有幻灯片，甚至可以循环连续播放媒体直至停止播放。

1 设置播放选项

选中幻灯片中添加的音频文件，在【播放】选项卡下的【音频选项】组中即可设置播放选项。

2 设置音量

单击【音量】按钮，在弹出的下拉列表中可以设置音量的大小。

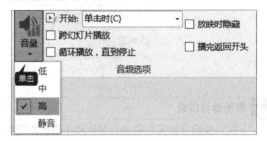

3 设置播放

单击【开始】后的下拉按钮，在弹出的下拉列表中包括【自动】和【单击时】两个选项。可以将音频剪辑设置为在显示幻灯片时自动开始播放和在单击鼠标时开始播放。

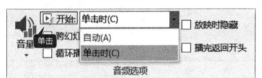

4 选中【跨幻灯片播放】选项

选中【跨幻灯片播放】选项，该音频文件所在幻灯片及之后的幻灯片时随之一直播放声音直至停止。

5 选中【放映时隐藏】复选框

选中【放映时隐藏】复选框，可以在放映幻灯片时将音频剪辑图标隐藏而直接根据设置播放。

6 设置循环播放

同时选中【循环播放，直到停止】和【播完返回开头】复选框可以设置该音频文件循环播放。

6.1.5 添加淡入淡出效果

在演示文稿中添加音频文件后，除了可以设置播放选项，还可以在【播放】选项卡下【编辑】组中为音频文件添加淡入和淡出的效果。

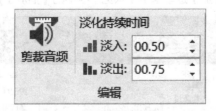

在【淡化持续时间】区域的【淡入】文本框中输入数值，可以设置在音频剪辑开始的几秒钟内使

用淡入效果。

在【淡出】文本框中输入数值，则可以设置在音频剪辑结束的几秒钟内使用淡出效果。

6.1.6 裁剪音频

插入音频文件后，可以在每个音频剪辑的开头和末尾处对音频进行修剪。这样可以缩短音频文件以使其与幻灯片的计时相适应。剪裁音频的具体操作方法如下。

1 剪裁的音频文件

选择幻灯片中要进行剪裁的音频文件，单击【播放】选项卡下【编辑】组中的【剪裁音频】按钮。

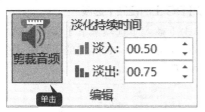

2 弹出对话框

弹出【剪裁音频】对话框，在该对话框中可以看到音频文件的持续时间、开始时间及结束时间等。

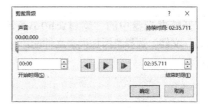

3 修剪音频文件

单击对话框中显示的音频的起点（最左侧的绿色标记），当鼠标指针显示为双向箭头时，将箭头拖动到所需的音频剪辑起始位置处释放，即可修剪音频文件的开头部分。

4 完成音频剪裁

单击对话框中显示的音频的终点标记，将箭头拖动到所需的音频剪辑结束位置处释放，即可修剪音频文件的末尾。单击对话框中的【播放】按钮试听调整效果，单击【确定】按钮即可完成音频的剪裁。

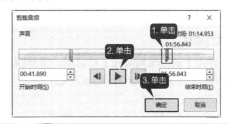

> **提示**
> 如果要删除音频文件，可以直接选择要删除的音频文件，按【Delete】键即可将该音频文件删除。

6.2 制作《圣诞节卡片》演示文稿

 本节视频教学时间：7分钟

在PowerPoint 2016演示文稿中可以添加视频文件。本节以制作《圣诞节卡片》演示文稿为例介绍PowerPoint 2016中视频文件的相关操作。

6.2.1 PowerPoint 2016支持的视频格式

PowerPoint 2016支持的视频格式也比较多，下表所示的这些视频格式都可以添加到PowerPoint 2016中。

视频文件	视频格式
WindowsMedia 文件（asf）	*.asf、*.asx、*.wpl、*.wm、*.wmx、*.wmd、*.wmz、*.dvr-ms
Windows 视频文件（avi）	*.avi
电影文件（mpeg）	*.mpeg、*.mpg、*.mpe、*.mlv、*.m2v、*.mod、*.mp2、*.mpv2、*.mp2v、*.mpa
WindowsMedia 视频文件（wmv）	*.wmv、*.wvx
QuickTime 视频文件	*.qt、*.mov、*.3g2、*.3gp、*.dv、*.m4v、*.mp4
AdobeFlashMedia	*.swf

6.2.2 添加视频

在PowerPoint 2016中添加视频的具体操作步骤如下。

1 打开素材

打开随书光盘中的"素材\ch06\圣诞节卡片.pptx"文件，选择要添加视频文件的第3张幻灯片页面。

2 选择【PC上的视频】选项

单击【插入】选项卡下【媒体】组中【视频】按钮下方箭头，在弹出的下拉列表中选择【PC上的视频】选项。

3 选择素材

弹出【插入视频文件】对话框，选择随书光盘文件中的"素材\ch06\圣诞.avi"文件。

4 单击【插入】按钮

单击【插入】按钮，所需要的视频文件将会直接应用于当前幻灯片中。

6.2.3 预览视频

在幻灯片中插入视频文件后，可以播放该视频文件以查看效果。播放视频的方法有以下3种。

(1) 选中插入的视频文件后，单击【视频工具】➤【播放】选项卡下【预览】组中的【播放】按钮预览插入的视频文件。

(2) 选中插入的视频文件后，单击【视频工具】➤【格式】选项卡下【预览】组中的【播放】按钮预览插入的视频文件。

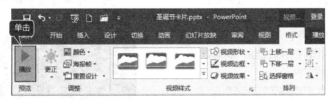

(3) 选中插入的视频文件后，单击视频文件图标左下方的【播放】按钮▶即可预览视频。

6.2.4 设置播放选项

选择插入的视频，在【播放】选项卡下的【视频选项】面板上就可以对插入的视频进行播放设置。【视频选项】面板如下图所示。

【视频选项】面板中各选项的含义如下表所示。

面板选项	动作含义
开始	控制视频开始播放的方式，单击下拉列表，有两个选项："单击时"和"自动"，默认是"单击时"。
全屏播放	选择该复选框，播放时会全屏，暂时隐藏该幻灯片的其他部分。
未播放时隐藏	选择该复选框后，在不播放时隐藏视频剪辑。
循环播放，直到停止	重复播放该视频剪辑，直到另一个动画事件停止它或者直到下一张幻灯片出现。
播完返回开头	播放完之后，返回到视频剪辑的第1帧。
音量	相对该演示文稿的总体音量，调整剪辑的音量。

通过【视频选项】设置视频播放的操作步骤如下。

1 选中视频文件	**2 设置音量大小**
选中添加到幻灯片中的视频文件，可以查看【视频工具】▶【播放】选项卡的【视频选项】面板中的各选项。 	单击【音量】按钮，在弹出的下拉列表中可以设置音量的大小。 
3 设置播放视频	**4 全屏播放视频**
单击【开始】后的下三角按钮▣，在弹出的下拉列表中包括【自动】和【单击时】两个选项。可以将视频文件设置为在将包含视频文件的幻灯片切换至幻灯片放映视图时播放视频，或通过单击鼠标来控制启动视频的时间。 	选中【全屏播放】复选框，可以全屏播放幻灯片中的视频文件。 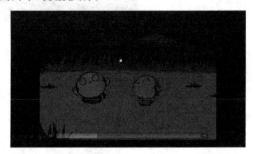

5 设置循环播放	
选中【未播放时隐藏】复选框，可以将视频文件未播放时设置为隐藏状态。同时选中【循环播放，直到停止】复选框和【播完返回开头】复选框可以设置该视频文件循环播放。	

6.2.5 在视频中添加书签

　　在添加到演示文稿中的视频文件中可以插入书签以指定视频剪辑中的关注时间点，也可以在放映幻灯片时利用书签跳至视频的特定位置。

1 播放视频	**2 添加书签**
选择幻灯片中的视频文件，并单击视频文件下的【播放】按钮▶播放视频。 	在要添加书签的位置单击【视频工具】▶【播放】选项卡下【书签】组中的【添加书签】按钮。 

3 显示书签

此时即可为当前时间点的视频剪辑添加书签，书签显示为黄色圆球状 。

4 添加多个书签

使用同样的方法，可以在视频文件中添加多个书签。

提示

选择添加的书签图标，单击【书签】组中的【删除书签】按钮即可将书签删除。

6.2.6 设置视频显示样式

添加视频后，不仅可以调整视频文件的显示大小及位置，还可以根据需要设置视频文件的显示样式，具体操作步骤如下。

1 选择视频文件

选择视频文件，单击【视频工具】▶【格式】选项卡下【视频样式】组中的【其他】按钮 ，在弹出的下拉列表中选择【柔化边缘椭圆】选项。

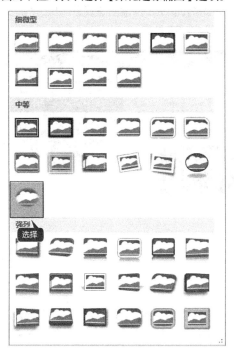

2 视频效果

设置视频样式后的效果如下图所示。

3 视频效果

单击【视频工具】▶【格式】选项卡下【视频样式】组中的【视频效果】按钮的下拉按钮【视频效果】，在弹出的下拉列表中选择【阴影】▶【透视】▶【透视：左上】选项。

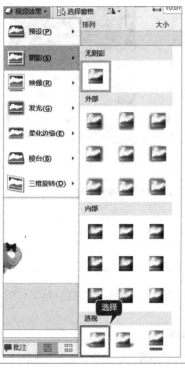

4 透视阴影效果

设置透视阴影样式后效果如下图所示。完成《圣诞节卡片》演示文稿的制作。

举一反三

本节主要是介绍音频和视频文件的使用。类似的还有公司培训PPT、歌曲鉴赏PPT、产品推广PPT、投标书PPT等，下图所示分别为公司培训PPT和产品推广PPT效果。

高手私房菜

技巧1：优化演示文稿中多媒体的兼容性

若要避免在PowerPoint演示文稿包含媒体（例如视频或音频文件）时出现播放问题，可以优化媒体文件的兼容性，这样就可以轻松地与他人共享演示文稿或将其随身携带到另一个地方（当要使用其他计算机在其他地方进行演示时）顺利播放多媒体文件。

1 新建空白演示文稿

新建空白演示文稿，并插入随书光盘文件中的"素材\ch06\圣诞.avi"视频文件。

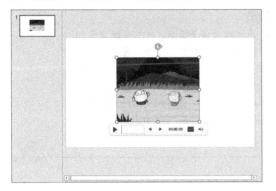

2 单击【优化媒体兼容性】按钮

单击【文件】选项卡，从弹出的下拉菜单中选择【信息】命令。单击窗口右侧【信息】区域的【优化媒体兼容性】按钮。

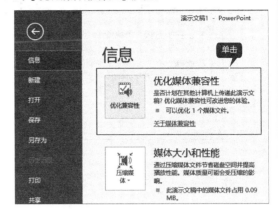

3 兼容性优化

弹出【优化媒体兼容性】对话框，对幻灯片中的视频文件的兼容性优化完成后，单击【关闭】按钮。

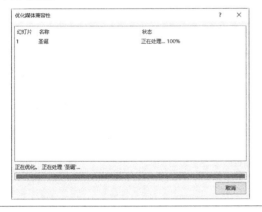

4 不再显示选项

优化视频文件的兼容性后，【信息】窗口中将不再显示【优化媒体兼容性】选项。

技巧2：压缩多媒体文件以减少演示文稿的大小

通过压缩多媒体文件，可以减少演示文稿的大小以节省磁盘空间，并可以提高播放性能。下面介绍在演示文稿中压缩多媒体的方法。

1 压缩媒体

单击【文件】选项卡，从弹出的下拉菜单中选择【信息】命令，窗口右侧显示出【媒体大小和性能】区域的【压缩媒体】按钮。

2 选择需要的选项

单击【压缩媒体】按钮，弹出如下图所示的下拉列表。从中选择需要的选项即可。

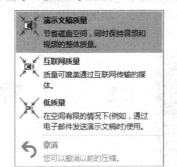

提示

【演示文稿质量】选项：可节省磁盘空间，同时保持音频和视频的整体质量。

【互联网质量】选项：质量可媲美通过Internet传输的媒体。

【低质量】选项：在空间有限的情况下（例如，通过电子邮件发送演示文稿时）使用。

第7章

创建超链接与动作

 本章视频教学时间：13 分钟

在 PowerPoint 2016 中，使用超链接可以从一张幻灯片转至另一张幻灯片，本章介绍了使用创建超链接和创建动作的方法。在播放演示文稿时，通过超链接可以快速地转至需要的页面，可以使幻灯片更吸引观众。

【学习目标】

通过本章的学习，可以掌握创建超链接与动作的方法。

【本章涉及知识点】

掌握创建超链接的方法

掌握创建动作的方法

7.1 制作《述职报告PPT》演示文稿

 本节视频教学时间：4分钟

在PowerPoint中，超链接可以是从一张幻灯片到同一演示文稿中另一张幻灯片的链接，也可以是从一张幻灯片到不同演示文稿中另一张幻灯片、到电子邮件地址、网页或文件的链接等。可以从文本或对象创建超链接。本节以制作《述职报告PPT》演示文稿为例，介绍创建超链接的方法。

7.1.1 链接到同一演示文稿中的幻灯片

可以将选择的文本链接至同一演示文稿中的其他幻灯片页面，具体操作步骤如下。

1 打开素材

打开随书光盘中的"素材\ch07\述职报告PPT.pptx"文件，选择第3张幻灯片页面中的"一：主要工作业绩"文本。

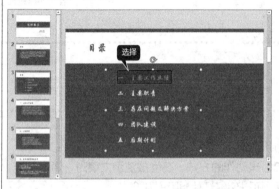

2 单击【超链接】按钮

单击【插入】选项卡下【链接】组中的【超链接】按钮。

3 插入超链接

在弹出的【插入超链接】对话框左侧的【链接到】列表框中选择【本文档中的位置】选项，在右侧【请选择文档中的位置】列表中选择【4.一：主要工作业绩】选项。

4 屏幕提示

单击【屏幕提示】按钮，弹出【设置超链接屏幕提示】对话框，在【屏幕提示文字】文本框中输入"显示主要工作业绩页面"，单击【确定】按钮。

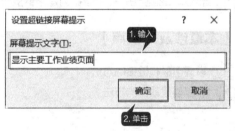

5 添加超链接

返回【插入超链接】对话框，单击【确定】按钮，即可将选中的文本链接到同一演示文稿中的最后一张幻灯片。添加超链接后的文本以蓝色、下划线字显示，放映幻灯片时，将鼠标光标放在文字上方，即可看到屏幕提示。

6 创建超链接

单击创建了超链接的文本，即可将幻灯片链接到另一幻灯片。

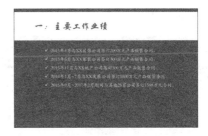

7.1.2 链接到不同演示文稿中的幻灯片

为幻灯片创建链接时，除了可以将对象链接到当前幻灯片中，还可以将对象链接到其他文稿中。将幻灯片链接到其他演示文稿中的具体操作步骤如下。

1 选中文字

在第3张幻灯片上选择要创建超链接的文字，如选中文字"二：主要职责"。

2 单击【超链接】按钮

单击【插入】选项卡下【链接】组中的【超链接】按钮。

3 插入超链接

在弹出的【插入超链接】对话框左侧的【链接到】列表框中选择【现有文件或网页】选项，选择随书光盘中的"素材\ch07\主要职责.pptx"文件作为链接到幻灯片的演示文稿，单击【确定】按钮。

4 查看效果

即可看到为所选文字添加超链接后的效果。

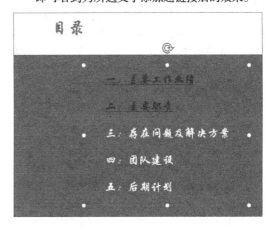

5 创建超链接文本

按【Shift+F5】组合键放映幻灯片，单击创建了超链接的文本"二：主要职责"。

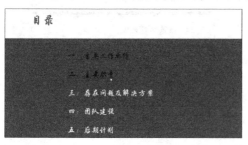

6 链接幻灯片

即可将幻灯片链接到另一演示文稿中的幻灯片。

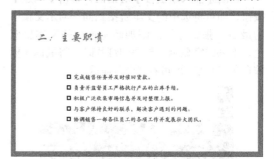

提示

如果在主要演示文稿中添加指向演示文稿的链接，则在将主要演示文稿复制到便携电脑中时，请确保将链接的演示文稿复制到主要演示文稿所在的文件夹中。如果不复制链接的演示文稿，或者如果重命名、移动或删除它，则当从主要演示文稿中单击指向链接的演示文稿的超链接时，链接的演示文稿将不可用。

7.1.3 链接到电子邮件地址

将文本链接到电子邮件地址的具体操作步骤如下。

1 选中文字

在第3张幻灯片上选择要创建超链接的文字，如选中文字"五：后期计划"。

2 单击【超链接】按钮

单击【插入】选项卡下【链接】组中的【超链接】按钮。

3 插入超链接

在弹出的【插入超链接】对话框左侧的【链接到】列表框中选择【电子邮件地址】选项，在【电子邮件地址】文本框中输入要链接到的电子邮件地址，在【主题】文本框中输入电子邮件的主题"后期计划"，单击【确定】按钮。

4 查看效果

即可看到创建电子邮件地址链接后的效果。

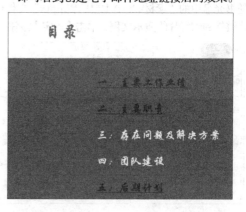

5 创建超链接文本

按【Shift+F5】组合键放映幻灯片，单击创建了超链接的文本"五：后期计划"。

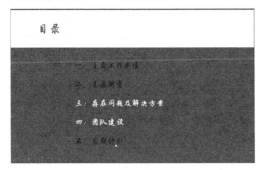

6 发送电子邮件

即可打开邮件应用，发送电子邮件。

7.1.4 链接到Web上的页面或文件

将文本链接到Web上的页面或文件的具体操作步骤如下。

1 选中文字

在第3张幻灯片上选择要创建超链接的文字，如选中文字"三：存在问题及解决方案"。

2 单击【动作】按钮

单击【插入】选项卡下【链接】组中的【动作】按钮。

3 操作设置

在弹出的【操作设置】对话框中选择【单击鼠标】选项卡，然后单击【超链接到】下拉列表，选择【URL】选项。

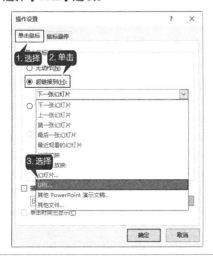

4 完成链接设置

在弹出的【超链接到URL】对话框中输入网页地址，单击【确定】返回【操作设置】对话框，然后单击【确定】按钮完成链接设置。

5 查看效果	**6** 打开网页
为文本添加超链接后，文本以下划线显示，效果如下图所示。 	按【Shift+F5】组合键放映幻灯片，单击添加超链接的文本，即可打开网页。 

7.1.5 编辑超链接

创建超链接后，用户可以根据需要更改超链接或取消超链接。

1. 更改超链接

1 编辑超链接	**2** 设置超链接内容
选中要更改的超链接，然后单击鼠标右键，在弹出的快捷菜单上选择【编辑超链接】选项。 	弹出【编辑超链接】对话框，从中可以重新设置超链接的内容。 

2. 取消超链接

如果当前幻灯片不需要再使用超链接，在要取消的超链接对象上单击鼠标右键，在弹出的快捷菜单上选择【取消超链接】选项即可。

7.2 制作《城市交通》演示文稿

 本节视频教学时间：6分钟

在PowerPoint中，可以为幻灯片、幻灯片中的文本或对象创建超链接到幻灯片中，也可以创建动作到幻灯片中。

7.2.1 创建动作按钮

创建动作按钮可以实现通过按钮特定的动作，如播放声音、链接到其他幻灯片、运行特定的程序等。在幻灯片中创建动作按钮的具体操作步骤如下。

1 打开素材

打开随书光盘中的"素材\ch07\城市交通.pptx"文件，选择第一张幻灯片页面。

2 选择动作按钮

单击【插入】选项卡【插图】组中的【形状】按钮，在弹出的下拉列表中选择【动作按钮】区域的【动作按钮：前进或下一项】图标。

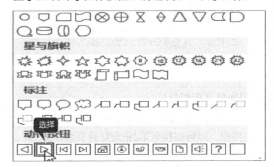

3 选择【下一张幻灯片】选项

在幻灯片的左下角单击并按住鼠标不放拖曳到适当位置处释放，弹出【操作设置】对话框。选择【单击鼠标】选项卡，在【单击鼠标时的动作】区域中选中【超链接到】单选按钮，并在其下拉列表中选择【下一张幻灯片】选项，单击【确定】按钮。

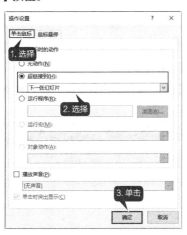

4 完成动作按钮创建

即可完成动作按钮的创建。

5 单击【形状】按钮

选择最后一张幻灯片页面，单击【插入】选项卡【插图】组中的【形状】按钮，在弹出的下拉列表中选择【动作按钮】区域的【动作按钮：转到主页】图标。

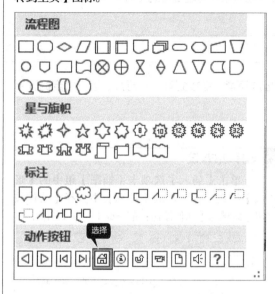

6 单击【确定】按钮

在幻灯片的左下角单击鼠标并按住不放拖曳鼠标指针到适当位置处释放，弹出【操作设置】对话框。选择【单击鼠标】选项卡，在【单击鼠标时的动作】区域中选中【超链接到】单选按钮，并在其下拉列表中选择【第一张幻灯片】选项，单击【确定】按钮。

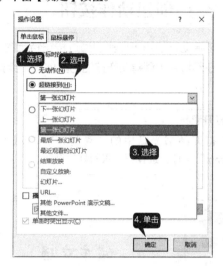

7 切换第 2 张幻灯片

按【F5】键放映幻灯片，单击第一张幻灯片中的按钮，即可切换至第2张幻灯片页面。

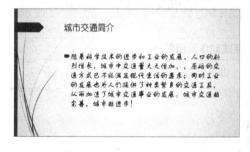

8 返回第 1 张幻灯片

单击最后一张幻灯片中的按钮，即可返回第一张幻灯片页面。

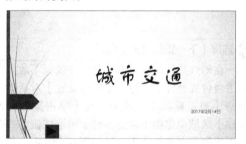

7.2.2 为文本或图片添加动作

为幻灯片中的文本或图片添加动作按钮的具体操作步骤如下。

1 选择图片

选择要添加动作的图片，如选择第2张幻灯片页面中图片。

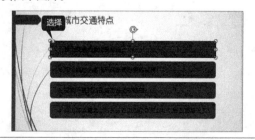

2 单击【动作】按钮

单击【插入】选项卡下【链接】组中的【动作】按钮。

3 选中【超链接到】按钮

在弹出的【操作设置】对话框中选择【单击鼠标】选项卡，在【单击鼠标时的动作】区域中选中【超链接到】单选按钮，并在其下拉列表中选择【最后一张幻灯片】选项，单击【确定】按钮。

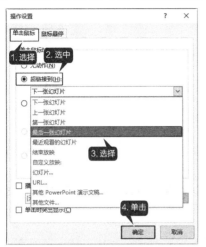

4 完成操作

即可完成为图片添加动作按钮的操作。在放映幻灯片时，单击添加过动作的图片即可进行相应的动作操作。

7.2.3 设置单击鼠标动作和悬停动作

通过【动作设置】对话框可以设置单击鼠标时的动作和鼠标悬停动作。

在【操作设置】对话框中选择【单击鼠标】选项卡，在其下可以设置单击鼠标时的动作。

设置单击鼠标时的动作，可以通过对话框中的【无动作】、【超链接到】和【运行程序】等单选按钮来操作。

选中【无动作】单选按钮，即不添加任何动作到幻灯片的文本或对象。

选中【超链接到】单选按钮，可以从其下拉列表中选择要链接到的对象。

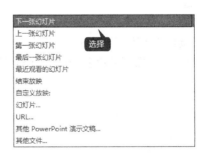

选中【运行程序】单选按钮时，单击【浏览】按钮，在弹出的【选择一个要运行的程序】对话框中可以选择要链接到的对象。

选中【播放声音】复选框，单击【声音】下拉列表可以为创建的鼠标单击动作添加播放声音。

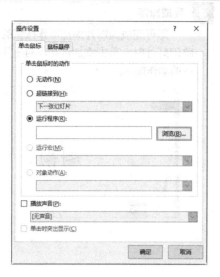

选择【操作设置】对话框中的【鼠标悬停】选项卡，在该对话框中即可设置鼠标悬停时的动作。其设置方法和设置单击鼠标动作方法类似。

举一反三

设置超链接和动作是制作演示文稿时常用的操作，特别适合在大型讲演类PPT中使用，如授课课件、产品展示、活动策划类演示文稿。下图所示分别为销售报告及产品推广PPT。

高手私房菜

技巧：在PowerPoint演示文稿中创建自定义动作

在PPT演示文稿中经常要用到链接功能，这一功能既可以使用超链接功能实现，也可以使用【动作按钮】功能来实现。

1 选择创建幻灯片

选择要创建自定义动作按钮的第2张幻灯片。

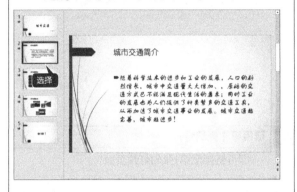

2 单击【形状】按钮

单击【插入】选项卡【插图】组中的【形状】按钮，在弹出的下拉列表中选择【动作按钮】区域的【动作按钮：自定义】图标。

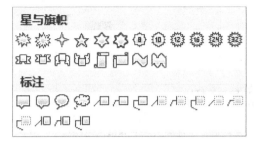

3 选择【幻灯片】选项

在幻灯片的右下角单击并按住鼠标不放拖曳到适当位置处释放，弹出【操作设置】对话框。选择【单击鼠标】选项卡，在【单击鼠标时的动作】区域中选中【超链接到】单选按钮，并在其下拉列表中选择【幻灯片】选项。

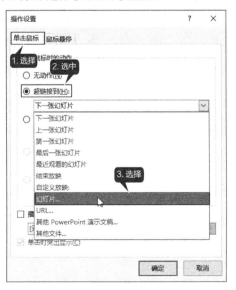

4 超链接到幻灯片

弹出【超链接到幻灯片】对话框，在【幻灯片标题】下拉列表中选择【1.城市交通】选项，单击【确定】按钮。

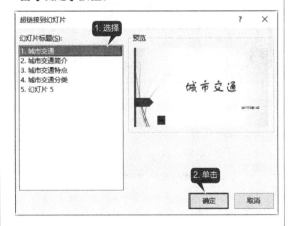

5 单击【确定】按钮

在【操作设置】对话框中可以看到【超链接到】文本框中显示了【城市交通】选项。单击【确定】按钮。

6 输入文字

在幻灯片中创建的动作按钮中输入文字"城市交通"，并根据需要设置字体样式。

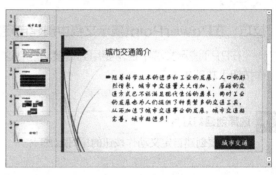

7 放映幻灯片

按【Shift+F5】组合键组合放映幻灯片，将鼠标光标放在添加的图标上并单击该图标

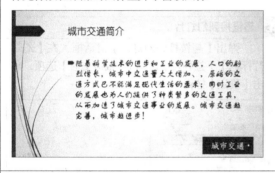

8 链接第 1 张幻灯片

即可链接至第1张幻灯片页面。

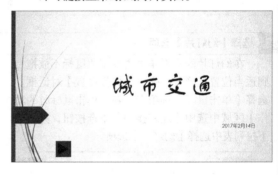

第 8 章

添加切换与动画效果

 本章视频教学时间：19 分钟

在演示文稿中添加适当的动画和切换效果，可以使演示文稿的播放效果更加形象，也可以通过动画使一些复杂内容逐步显示以便观众理解。

【学习目标】

通过本章的学习，可以掌握添加切换和动画效果的方法。

【本章涉及知识点】

掌握添加切换效果的方法
掌握创建动画的方法
掌握设置动画时间的方法
掌握修改动画的方法

8.1 制作《论文格式》演示文稿

 本节视频教学时间：4分钟

幻灯片切换效果是在演示期间从一张幻灯片移到下一张幻灯片时在【幻灯片放映】视图中出现的动画效果。幻灯片切换时产生的类似动画效果，可以使幻灯片在放映时更加生动形象。本节以制作《论文格式》演示文稿为例，介绍使用切换效果的相关操作。

8.1.1 添加切换效果

PowerPoint 2016提供了细微型、华丽型和动态内容3大类切换效果，方便用户选择，给幻灯片页面添加切换效果具体操作步骤如下。

1 打开素材

打开随书光盘中的"素材\ch08\论文格式.pptx"文件，选择需添加切换效果的幻灯片页面，这里选择第1张幻灯片。

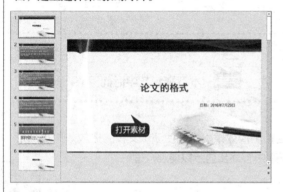

2 切换幻灯片

单击【切换】选项卡【切换到此幻灯片】组中的【其他】按钮▼，

3 添加形状

在弹出的下拉列表中选择【细微型】▶【形状】选项，即可为选中的幻灯片添加形状的切换效果。

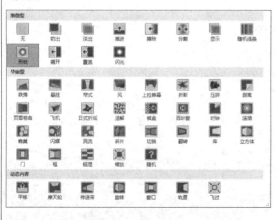

4 效果图

添加过细微型形状效果的幻灯片在放映时即可显示此切换效果。

8.1.2 更改切换效果的属性

添加切换效果后，用户还可以根据需要更改切换效果的属性，具体操作步骤如下。

1 单击【效果选项】按钮

选择第一张幻灯片。单击【切换】选项卡【切换到此幻灯片】组中的【效果选项】按钮，在弹出的下拉列表中将默认的【圆形】改为【加号】选项。

2 效果图

效果属性更改后，按【F5】键进行幻灯片播放，显示如下图所示。

提示

幻灯片添加的效果不同，【效果选项】的下拉列表中的选项也不相同。

8.1.3 为切换效果添加声音

如果想使切换的效果更逼真，可以为其添加声音效果。为幻灯片切换效果添加声音的具体操作步骤如下。

1 添加声音

选择要添加声音效果的第1张幻灯片。

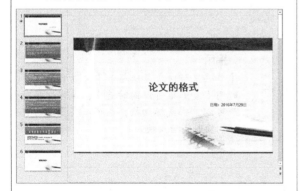

2 选择【照相机】选项

单击【切换】选项卡【计时】组中的【声音】下拉按钮，在弹出的下拉列表中选择【照相机】选项，在切换幻灯片时将会自动播放该声音。

提示

除了选择 PowerPoint 提供的声音外，还可以从弹出的下拉列表中选择【其他声音】选项来添加自己想要的效果。

8.1.4 设置切换效果的持续时间

在切换幻灯片中，用户可以为其设置持续的时间，从而控制切换速度，以便查看幻灯片的内容。为幻灯片设置切换效果和持续时间的具体操作步骤如下。

1 设置切换速度

选择要设置切换速度的第1张幻灯片。

2 设置持续时间

在【切换】选项卡【计时】组中，单击选中【持续时间】文本框，将持续时间改为"02.30"，就完成了设置切换效果持续时间的操作。

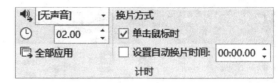

8.1.5 设置切换方式

切换演示文稿中的幻灯片的方式包括单击鼠标时切换和设置自动换片时间两种，设置切换方式的具体操作步骤如下。

1 设置切换方式

选择要设置切换方式的第1张幻灯片。

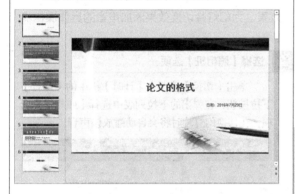

2 设置换片时间

在【切换】选项卡【计时】组的【换片方式】区域撤选【单击鼠标时】复选框，选择【设置自动换片时间】复选框，并设置换片时间为4秒。

提示

【单击鼠标时】复选框和【设置自动换片时间】复选框可以同时选中，这样切换时既可以单击鼠标切换，也可以在设置的自动切换时间后切换。

8.1.6 全部应用切换效果

在添加切换效果时，可以为每张幻灯片页面设置不同的切换效果。具体操作步骤如下。

1 设置幻灯片

选择设置了切换效果的幻灯片页面，这里选择第1张幻灯片页面，单击【切换】选项卡【计时】组中的【全部应用】按钮，即可为所有的幻灯片使用设置的切换效果。

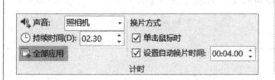

提示

设置【全部应用】后，如果需要对某一张幻灯片的切换效果进行更改，可对某一张幻灯片的切换效果重新设置。

2 单击【预览】按钮

选择其他幻灯片页面单击【切换】选项卡下【预览】组中的【预览】按钮，即可查看其他幻灯片页面的切换效果预览。

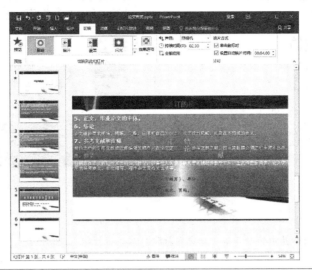

8.2 制作《产品推广方案》演示文稿

本节视频教学时间：12分钟

使用动画可以让观众将注意力集中在要点和控制信息流上，还可以提高观众对演示文稿的兴趣。

8.2.1 创建进入动画

为对象可以创建进入动画。例如，可以使对象逐渐淡入焦点，从边缘飞入幻灯片或者跳入视图中。创建进入动画的具体操作步骤如下。

1 打开素材

打开随书光盘中的"素材\ch08\产品推广方案.pptx"文件，选择第1张幻灯片中要创建进入动画效果的文字。

2 单击【动画】选项

单击【动画】选项卡下【动画】组中的【其他】按钮。

3 创建进入动画

在弹出的下拉列表中选择【进入】组中的【飞入】选项，创建此进入动画效果。

4 添加动画效果

添加动画效果后，文字对象前面将显示一个动画编号标记，并且在幻灯片的视图列表的序号下方有一个五角形图表。

提示

创建动画后，幻灯片中的动画编号标记在打印时不会被打印出来。

8.2.2 创建强调动画

为对象可以创建强调动画，效果示例包括使对象缩小或放大、更改颜色或沿着其中心旋转等。创建强调动画的具体操作步骤如下。

1 选择幻灯片

选择幻灯片中要创建强调动画效果的文字，如选中第1张幻灯片的副标题文本。

2 单击【其他】按钮

单击【动画】选项卡下【动画】组中的【其他】按钮。

3 选择【放大/缩小】选项

在弹出的下拉列表的【强调】区域中选择【放大/缩小】选项。

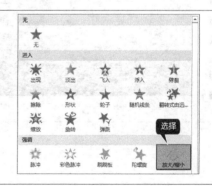

4 效果图

即可为此对象创建强调动画效果。

8.2.3 创建退出动画

为对象可以创建退出动画，这些效果包括使对象飞出幻灯片、从视图中消失等。创建退出动画的具体操作步骤如下。

1 选择幻灯片

选择幻灯片中要创建退出动画效果的文字，如选中第2张幻灯片的"计划主旨"标题文本。

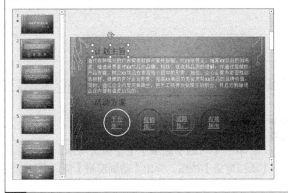

2 单击【动画】选项卡

单击【动画】选项卡下【动画】组中的【其他】按钮。

3 选择【擦除】选项

在弹出的下拉列表的【退出】区域中选择【擦除】选项。

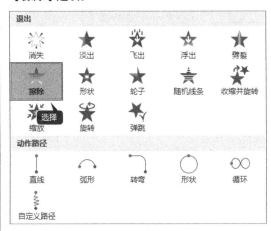

4 强调动画效果

即可为此对象创建强调动画效果，并且显示动画标号 1 。

8.2.4 创建路径动画

为对象可以创建动作路径动画，使用这些效果可以使对象上下移动、左右移动或者沿着星形或圆形图案移动。具体操作步骤如下。

1 选择幻灯片

选择幻灯片中要创建路径动画效果的对象，如选择第2张幻灯片中的正文内容。单击【动画】选项卡下【动画】组中的【其他】按钮▼，在弹出的下拉列表的【动作路径】区域中选择【弧形】选项。

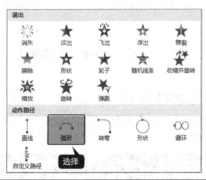

2 添加动画效果

即可为此对象创建"弧形"效果的路径动画效果。然后使用同样的方法，为其他内容添加合适的动画效果。

8.2.5 调整动画顺序

在幻灯片页面中添加动画效果后，会自动按照设置顺序编号，并显示编号序列，用户可以根据需要调整动画的显示顺序，具体操作步骤如下。

1 设置动画效果

选择第2张幻灯片页面，即可看到设置动画效果后的动画顺序。

2 单击【动画窗格】按钮

单击【动画】选项卡下【高级动画】组中的【动画窗格】按钮，弹出【动画窗格】窗口。

3 调整顺序

选择【动画窗格】窗口中需要调整顺序的动画，如选择动画1，然后单击【动画窗格】窗口上方的 ▾ 按钮，即可将动画1向下移至动画2位置。

| 4 | 调整后效果 | 5 | 调整动画位置 |

调整后效果如下图所示。

选择动画4，然后单击【动画窗格】窗口上方的 按钮，即可将动画4向上移至动画3位置。

| 6 | 效果图 |

调整动画顺序后页面效果如下图所示。

提示

还可以单击【动画】选项卡下【计时】组中【对动画重新排序】区域的【向前移动】和【向后移动】按钮调整动画顺序。

8.2.6 设置动画时间

创建动画之后，可以在【动画】选项卡上为动画指定开始、持续时间或者延迟计时。具体操作步骤如下。

| 1 | 设置动画时间 | 2 | 设置开始计时 |

选择第1张幻灯片页面中要设置动画时间的内容。

若要为动画设置开始计时，可以在【计时】组中单击【开始】菜单右侧的下拉箭头 ，然后从弹出的下拉列表中选择所需的计时。该下拉列表包括【单击时】、【与上一动画同时】和【上一动画之后】3个选项，这里选择【单击时】选项。

3 设置持续时间

若要设置动画将要运行的持续时间，可以在【计时】组中的【持续时间】文本框中输入所需的秒数，或者单击【持续时间】文本框后面的微调按钮÷来调整动画要运行的持续时间。

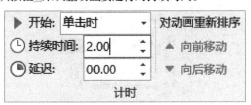

4 设置延迟时间

若要设置动画开始前的延时，可以在【计时】组中的【延迟】文本框中输入所需的秒数，或者使用微调按钮来调整。

8.2.7 编辑路径动画

为文本添加路径动画后，用户还可以根据需要对添加的路径动画进行编辑，编辑路径动画主要包括反转路径方向和编辑路径顶点等操作。

1. 反转路径方向

1 选择【循环】选项

选择第3张幻灯片页面中的标题文本，单击【动画】选项卡下【动画】组中的【其他】按钮▾，在弹出的下拉列表中选择【动作路径】区域的【循环】选项。

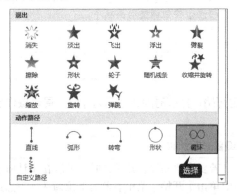

2 设置【循环】效果

为选择的文本设置【循环】动画效果，并显示路径。此时路径上包含有▽图标，表示沿逆时针循环。

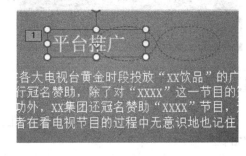

3 添加动画路径

选择添加的动画路径，单击【动画】选项卡下【动画】组中【效果选项】按钮，在弹出的下拉列表中的【路径】组下选择【反转路径方向】选项。

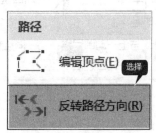

4 查看预览效果

修改后即可看到预览效果，并在路径中看到逆时针图标▽变为了顺时针图标△。

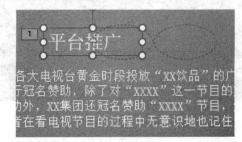

2. 编辑路径顶点

1 选择【编辑顶点】选项

选择要编辑顶点的动画，单击【动画】选项卡下【动画】组中【效果选项】按钮，在弹出的下拉列表中的【路径】组下选择【编辑顶点】选项。

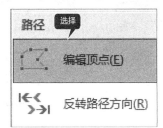

2 查看路径顶点

即可看到路径上显示了路径的顶点。

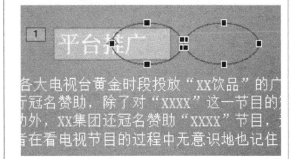

3 改变顶点位置

选择任意一个顶点，当鼠标光标变成◈形状时，拖曳顶点，即可改变顶点的位置。

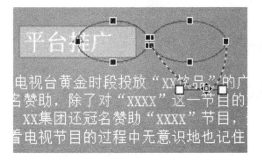

4 最终效果图

使用同样的方法编辑其他顶点的位置，编辑完成后，单击【动画】▶【预览】▶【预览】按钮★，即可查看最终效果。

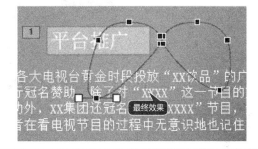

8.2.8 触发动画

触发动画就是设置动画的特殊开始条件。设置触发动画的具体操作步骤如下。

1 选择幻灯片

选择第3张幻灯片页面中的正文内容，为其添加【强调】中的【填充颜色】动画效果，创建动画后的效果如下图所示，前方将显示动画编号 **2** 。

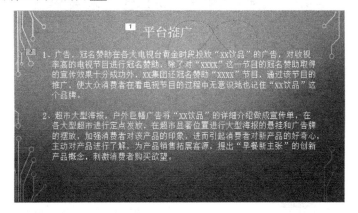

2 绘制矩形

在第3张幻灯片页面中绘制一个矩形，效果如下图所示。

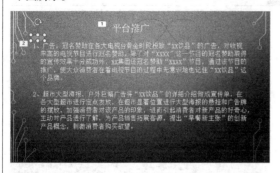

3 选择【矩形1】选项

选择创建的动画，单击【动画】选项卡下【高级动画】组中的【触发】按钮，在弹出的下拉菜单的【单击】子菜单中选择【矩形1】选项。

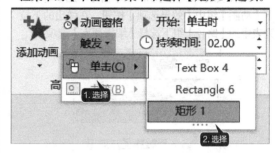

4 动画效果

创建触发动画后的动画编号变为 ⚡ 图标，在放映幻灯片时用鼠标指针单击绘制的矩形，即可显示动画效果。

8.2.9 复制动画效果

在PowerPoint 2016中，可以使用动画刷工具复制一个对象的动画效果，并将其应用到其他对象中，具体操作步骤如下。

1 设置持续时间

选择幻灯片中创建过动画的对象，这里选择第一张幻灯片页面中的标题对象，可以看到该对象设置了"飞入"动画效果，并设置【持续时间】为"02.00"，【延迟】为"00.50"。

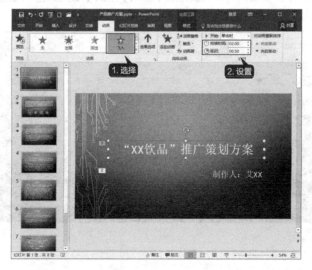

2 单击【动画刷】按钮

单击【动画】选项卡下【高级动画】组中【动画刷】按钮，此时幻灯片中的鼠标指针变为动画刷的形状 ▷△。

3 应用动画效果

选择第4张幻灯片页面，单击要应用该动画效果的标题对象，即可将复制的动画效果应用至该对象上。

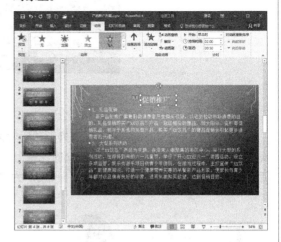

 提示

双击【动画刷】，可以连续复制动画效果，直到按【ESC】键退出。

8.2.10 删除动画

为对象创建动画效果后，也可以根据需要移除动画。移除动画的方法有以下3种。

(1) 单击【动画】选项卡下【动画】组中的【其他】按钮 ▼，在弹出的下拉列表的【无】区域中选择【无】选项。

(2) 单击【动画】▶【高级动画】▶【动画窗格】按钮，在弹出的【动画窗格】中选择要移除动画的选项，然后单击右侧的下拉按钮 ▼，在弹出的下拉列表中选择【删除】选项即可。

(3) 单击要删除动画前的动画编号，按【Delete】键即可。

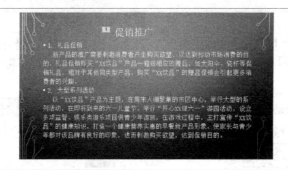

举一反三

本节主要介绍为演示文稿添加切换和动画效果，放映幻灯片时通过切换和动画效果，不仅可以使幻灯片看起来更形象，还能吸引听众的注意力，从而提升演示效果。通常情况下制作完成演示文稿后，就可以来添加动画和切换效果，下图所示为制作完成的调查报告和销售总结演示文稿。

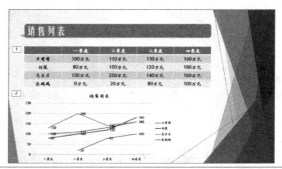

高手私房菜

技巧1：制作电影字幕效果

在PowerPoint 2016 中可以轻松实现电影字幕的动画效果。具体实现方法如下。

1 打开素材	2 选择【更多进入效果】选项

打开随书光盘中的"素材\ch08\制作电影字幕效果.pptx"文件，并选择文本框。

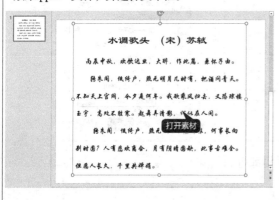

单击【动画】选项卡下【动画】组中的【其他】按钮，在弹出的下拉列表中选择【更多进入效果】选项。

3 单击【确定】按钮

在弹出的【更改进入效果】对话框中选择【华丽型】区域的【字幕式】选项，单击【确定】按钮。

4 字幕效果图

即可完成电影字幕效果的制作。

技巧2：将SmartArt图形制作为动画

可以将添加到演示文稿中的SmartArt图形制作成动画，其具体操作方法如下。

1 打开素材

打开随书光盘中的"素材\ch08\人员组成.pptx"文件，并选择幻灯片中的SmartArt图形。

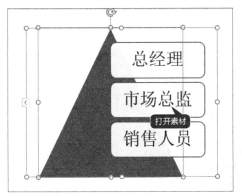

2 选择【形状】选项

单击【动画】选项卡下【动画】组中的【其他】按钮，在弹出的下拉列表的【进入】区域中选择【形状】选项。

3 选择【逐个】选项

单击【动画】选项卡下【动画】组中的【效果选项】按钮，在弹出的下拉列表的【序列】区域中选择【逐个】选项。

4　展开动画内容

单击【动画】选项卡下【高级动画】组中的【动画窗格】按钮，在【幻灯片】窗格右侧弹出【动画窗格】窗格，展开所有的动画内容，可以看到包含4个动画。

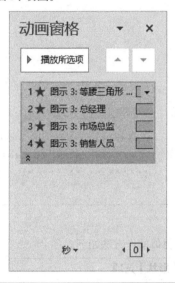

5　选择【删除】选项

单击"图示3"右侧的下拉按钮，在弹出的下拉列表中选择【删除】选项。然后关闭【动画窗格】窗格。

6　动画效果图

完成动画制作之后的动画效果如下图所示。

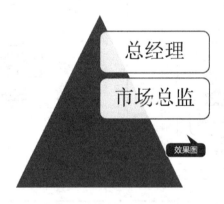

第9章

PPT 的放映与打印

 本章视频教学时间：30 分钟

制作的 PPT 主要是用来给观众进行演示的，掌握幻灯片播放的方法与技巧并灵活使用，可以达到意想不到的效果。此外，还可以将制作完成的演示文稿打印出来长期保存，也可以通过发布幻灯片，以便能够轻松共享和打印这些文件。

【学习目标】

通过本章的学习，可以掌握在 PPT 中应用图形图像的方法。

【本章涉及知识点】

掌握放映 PPT 的方法
掌握打印 PPT 的方法
掌握发布 PPT 的方法

9.1 《教学课件》演示文稿的放映

 本节视频教学时间：19分钟

演示文稿制作完成之后就可以开始放映，本节以放映《教学课件》演示文稿为例介绍放映幻灯片时的相关操作。

9.1.1 PPT的演示原则

为了让制作的PPT更加出彩，效果更加合乎人心，既要关注PowerPoint制作的要领，还要遵循PPT的演示原则。

1. 10种使用PowerPoint的方法

(1) 采用强有力的材料支持演示者的演示。

(2) 简单化。最有效的PowerPoint很简单，只需要易于理解的图表和反映演讲内容的图形。

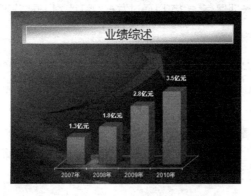

(3) 最小化幻灯片数量。PowerPoint的魅力在于能够以简明的方式传达观点和支持演讲者的评论，因此幻灯片的数量并不是越多越好。

(4) 不要照念PowerPoint。演示文稿与扩充性和讨论性的口头评论搭配才能达到最佳效果，而不是照念屏幕上的内容。

(5) 安排评论时间。在展示新幻灯片时，先要给观众阅读和理解幻灯片内容的机会，然后再加以评论，拓展并增补屏幕内容。

(6) 要有一定的间歇。PowerPoint是口头评语最有效的视觉搭配。经验丰富的PowerPoint 演示者会不失时机地将屏幕转为空白或黑屏，这样不仅可以带给观众视觉上的休息，还可以有效地将注意力集中到更需要口头强调的内容中，例如分组讨论或问答环节等。

(7) 使用鲜明的颜色。文字、图表和背景颜色的强烈反差在传达信息和情感方面是非常有效的，恰当地运用鲜明的颜色，在传达演示意图时会起到事半功倍的效果。

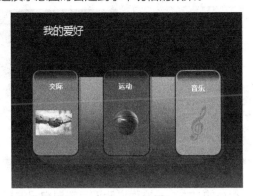

(8) 导入其他影像和图表。使用外部影像（如视频）和图表能增强多样性和视觉吸引力。

(9) 演示前要严格编辑。在公众面前演示幻灯片前，一定要严格进行编辑，因为这是完善总体演示的好机会。

(10) 在演示结尾分发讲义，而不是在演示过程中。这样有利于集中观众的注意力，从而充分发挥演示文稿的意义。

2. PowerPoint10/20/30原则

PPT的演示原则在这里我们总结为PowerPoint10/20/30原则。

简单地说PowerPoint10/20/30原则，就是一个PowerPoint演示文稿，应该只有10页幻灯片，持续时间不超过20分钟，字号不小于30磅。这一原则可适用于任何能达成协议的陈述，如募集资本、推销、建立合作关系等。

(1) PPT演示原则—10。

10，是PowerPoint演示中最理想的幻灯片页数。一个普通人在一次会议里不可能理解10个以上的概念。

这就要求在制作演示文稿的过程中要做到让幻灯片一目了然，包括文字内容要突出关键、化繁为简等。

简练的说明在吸引观众的眼球和博取听众的赞许方面是很有帮助的。

(2) PPT演示原则—20。

20，是指必须在20分钟里介绍你的10页PPT。事实上很少有人能在很长时间内保持注意力集中，你必须抓紧时间。在一个完美的情况下，你在20分钟内完成你的介绍，就可以留下较多点的时间进行讨论。

(3) PPT演示原则—30。

30，是指PPT文本内容的文本字号尽可能大。

大多数PPT都使用不超过20磅字体的文本，并试图在一页幻灯片里挤进尽可能多的文本。

每页幻灯片里都挤满字号很小的文本，一方面说明演示者对自己的材料不够熟悉，另一面并不是说文本越多越有说服力。这样的话往往抓不住观众的眼球，让人没有主次的感觉及新鲜感，也无法锁住观众的注意力。

因此在制作演示文稿的时候，要考虑在同一页幻灯片里不要使用过多的文本，用于演示的PPT字号不要太小。最好使用雅黑、黑体、幼圆和Arial等这些笔画比较均匀的字体，用起来比较放心。

9.1.2 PPT的演示技巧

一个好的PPT演讲不是源于自然、有感而发，而是需要演讲者的精心策划与细致的准备，同样必须对PPT演讲的技巧有所了解。

1. PowerPoint自动黑屏

在使用PowerPoint进行报告时，有时候需要进行互动讨论，这时为了避免屏幕上的图片或小动画影响观众的注意力，可以按一下键盘中的【B】键，此时屏幕将会黑屏，待讨论完后再按一下【B】键即可恢复正常。

提示
按【W】键可以白屏，也会产生类似的效果。

也可以在播放的演示文稿中右键单击，在弹出的快捷菜单中选择【屏幕】菜单命令，然后在其子菜单中选择【黑屏】或【白屏】命令。

退出黑屏或白屏时，也可以在转换为黑屏或白屏的页面上右键单击，在弹出的快捷菜单中选择【屏幕】菜单命令，然后在其子菜单中选择【屏幕还原】命令即可。

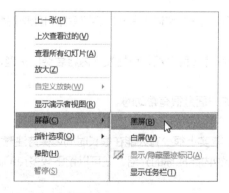 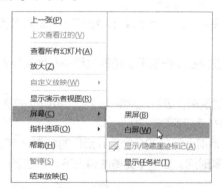

2. 快速定位放映中的幻灯片

在播放PowerPoint演示文稿时，如果要快进到或退回到第5张幻灯片，可以按下数字【5】键，然后再按【Enter】键即可。

若要从任意位置返回到第一张幻灯片，同时按下鼠标左右键并停留2秒钟以上即可。

3. 在放映幻灯片时显示快捷方式

在放映幻灯片时，如果想用快捷键，但一时又忘了快捷键的操作，可以按【F1】键（或【Shift+?】组合键），在弹出的【幻灯片放映帮助】对话框中可以显示快捷键的操作提示。

弹出【幻灯片放映帮助】对话框，也可以在播放演示文稿时，在页面上右键单击，在弹出的快捷菜单中选择【帮助】命令。

4. 让幻灯片自动播放

要让PowerPoint的幻灯片自动播放，而不需要先打开PPT再播放。方法是打开文稿前将该文件的扩展名从.pptx改为.pps后再双击打开即可。这样一来就避免了每次都要先打开这个文件才能进行播放所带来的不便和烦琐。

5. 保存特殊字体

为了获得好的效果，人们通常会在幻灯片中使用一些非常漂亮的字体，可是将幻灯片复制到演示现场进行播放时，这些字体变成了普通字体，甚至还因字体而导致格式变得不整齐，严重影响演示效果。

在PowerPoint中可以同时将这些特殊字体保存下来以供使用。

单击【文件】选项卡，在弹出的下拉菜单中选择【另存为】菜单命令，弹出【另存为】对话框。在该对话框中单击【工具】按钮，从弹出的下拉列表中选择【保存选项】选项。

在弹出的【PowerPoint选项】对话框中选中【将字体嵌入文件】复选框，然后根据需要选中【仅嵌入演示文稿中使用的字符（适于减小文件大小）】或【嵌入所有字符（适于其他人编辑）】单选按钮，最后单击【确定】按钮保存该文件即可。

9.1.3 设置幻灯片的放映方式

演示文稿的放映类型包括演讲者放映、观众自行浏览和在展台浏览等3种。设置幻灯片放映方式的具体操作步骤如下。

1. 演讲者放映

演示文稿放映方式中的演讲者放映方式是指由演讲者一边讲解一边放映幻灯片，此演示方式一般用于比较正式的场合，如专题讲座、学术报告等。

将演示文稿的放映方式设置为演讲者放映的具体操作方法如下。

---

1 打开素材

打开随书光盘中的"素材\ch09\教学课件.pptx"文件。在【幻灯片放映】选项卡的【设置】组中单击【设置幻灯片放映】按钮。

2 设置放映方式

弹出【设置放映方式】对话框，在【放映类型】区域中单击选中【演讲者放映（全屏幕）】单选按钮，即可将放映方式设置为演讲者放映方式。

---

3 设置换片方式为手动

在【设置放映方式】对话框的【放映选项】区域单击勾选【循环放映，按Esc键终止】复选框，在【换片方式】区域中单击勾选【手动】复选框，设置演示过程中的换片方式为手动。

提示

单击勾选【循环放映，按Esc键终止】复选框，可以在最后一张幻灯片放映结束后自动返回到第一张幻灯片重复放映，直到按下键盘上的【Esc】键才能结束放映。单击勾选【放映时不加旁白】复选框，表示在放映时不播放在幻灯片中添加的声音。单击勾选【放映时不加动画】复选框，表示在放映时设定的动画效果将被屏蔽。

4 全屏幕演示

单击【确定】按钮完成设置，按【F5】快捷键进行全屏幕的PPT演示。下图所示为演讲者放映方式下的第1张幻灯片的演示状态。

2. 观众自行浏览

观众自行浏览指由观众自己动手使用计算机观看幻灯片。如果希望让观众自己浏览多媒体幻灯片，可以将多媒体演讲的放映方式设置成观众自行浏览。

1 设置自行浏览

在【幻灯片放映】选项卡的【设置】组中单击【设置幻灯片放映】按钮，弹出【设置放映方式】对话框。在【放映类型】区域中单击选中【观众自行浏览（窗口）】单选按钮；在【放映幻灯片】区域中单击选中【从…到…】单选按钮，并在第2个文本框中输入"4"，设置从第1页到第4页的幻灯片放映方式为观众自行浏览。

2 结束放映状态

单击【确定】按钮完成设置，按【F5】快捷键进行演示文稿的演示。这时可以看到，设置后的前4页幻灯片以窗口的形式出现，并且在最下方显示状态栏。按【Esc】键即可结束放映状态。

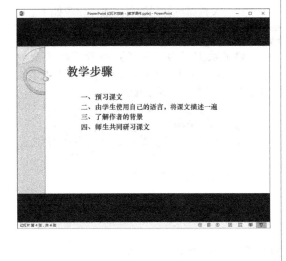

提示

单击状态栏中的【下一张】按钮 ➡ 和【上一张】按钮 ⬅ 也可以切换幻灯片；单击状态栏右方的其他视图按钮，可以将演示文稿由演示状态切换到其他视图状态。

3. 在展台浏览

在展台浏览这一放映方式可以让多媒体幻灯片自动放映而不需要演讲者操作，例如放在展览会的产品展示等。

打开演示文稿后，在【幻灯片放映】选项卡的【设置】组中单击【设置幻灯片放映】按钮，在弹出的【设置放映方式】对话框的【放映类型】区域中单击选中【在展台浏览（全屏幕）】单选按钮，即可将演示方式设置为在展台浏览。

提示

可以将展台演示文稿设置为当参观者查看完整个演示文稿或演示文稿保持闲置状态达到一段时间后，自动返回至演示文稿首页。这样，参观者就不必一直守着展台了。

9.1.4 排练计时

通过排练计时可以做到熟能生巧，记录排练放映幻灯片的时间，在正式讲演时有效地控制幻灯片的放映，设置排练计时的具体操作步骤如下。

1 切换状态

将放映方式切换至"演讲者放映（全屏幕）"状态。单击【幻灯片放映】选项卡下【设置】组中的【排练计时】按钮。

2 开始计时

即可开始全屏放映幻灯片，并在左上角显示【录制】窗口，开始计时。

3 显示放映总时间

单击鼠标切换至下一张幻灯片页面，即可重新开始计时，并显示放映总时间。

教学目标及重点

1. 抓住"背影"这一感情聚焦点，展示人物心灵的写法。
2. 朴实的语言风格。
3. 通过体味文章所表现的父亲的深深的爱子之情，培养学生"关爱他人"的优良品德。

4 重复上面的操作

重复上面的操作，直至放映结束，将会弹出【Microsoft PowerPoint】窗口，显示总放映时间，单击【是】按钮。

5　单击视图	6　切换浏览视图
单击【视图】选项卡下【演示文稿视图】组中的【幻灯片浏览】按钮。 	切换至幻灯片浏览视图，即可在幻灯片页面下方看到每张幻灯片页面的放映时间。 

9.1.5　幻灯片的放映方式

默认情况下，幻灯片的放映方式为普通手动放映。用户可以根据实际需要，设置幻灯片的放映方法，如自动放映、自定义放映和排列计时放映等。

1. 从头开始放映

放映幻灯片一般是从头开始放映的，从头开始放映的具体操作步骤如下。

1　切换普通视图	2　从头播放幻灯片
切换至普通视图，在【幻灯片放映】选项卡的【开始放映幻灯片】组中单击【从头开始】按钮或按【F5】键。 	系统将从头开始播放幻灯片。单击鼠标、按【Enter】键或空格键均可切换到下一张幻灯片。 

2. 从当前幻灯片页面开始放映

在放映幻灯片时可以从选定的当前幻灯片开始放映，具体操作步骤如下。

1　选中第 3 张幻灯片	2　播放幻灯片
选中第3张幻灯片，在【幻灯片放映】选项卡的【开始放映幻灯片】组中单击【从当前幻灯片开始】按钮或按【Shift+F5】组合键。 	系统将从当前幻灯片开始播放幻灯片。按【Enter】键或空格键可切换到下一张幻灯片。 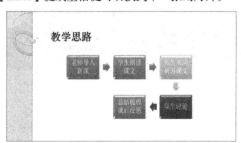

3. 自定义放映

利用PowerPoint的【自定义幻灯片放映】功能，可以为幻灯片设置多种自定义放映方式，具体操作步骤如下。

1 ❘ 自定义放映

在【幻灯片放映】选项卡的【开始放映幻灯片】组中单击【自定义幻灯片放映】按钮，在弹出的下拉菜单中选择【自定义放映】菜单命令。

2 ❘ 单击【新建】按钮

弹出【自定义放映】对话框，单击【新建】按钮。

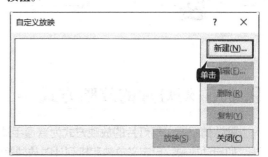

3 ❘ 选择幻灯片

弹出【定义自定义放映】对话框。在【在演示文稿中的幻灯片】列表框中选择需要放映的幻灯片，然后单击【添加】按钮即可将选中的幻灯片添加到【在自定义放映中的幻灯片】列表框中，单击【确定】按钮。

4 ❘ 单击【放映】按钮

返回到【自定义放映】对话框，单击【放映】按钮，可以仅放映选择的幻灯片页面。

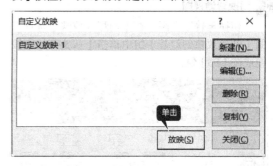

4. 联机放映

PowerPoint 2016只要在连接有网络的条件下，就可以通过联机放映在没有安装PowerPoint的电脑上放映演示文稿，具体操作步骤如下。

1 ❘ 联机演示

单击【幻灯片放映】选项卡下【开始放映幻灯片】选项组中的【联机演示】按钮。

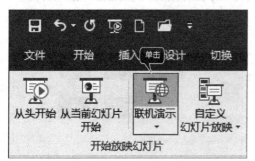

2 ❘ 单击【连接】按钮

弹出【联机演示】对话框，单击【连接】按钮。

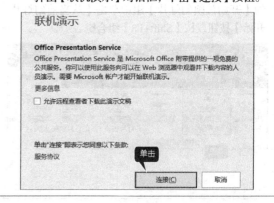

3 开始演示

弹出【联机演示】对话框，复制文本框中的链接地址，将其共享给远程查看者，待查看者打开该链接后，单击【开始演示】按钮。

 提示

联机演示幻灯片时，需要登录 Microsoft Office 账号。

4 放映幻灯片

此时即可开始放映幻灯片，远程查看者可在浏览器中同时查看播放的幻灯片。

 提示

单击【联机演示】选项卡下【联机演示】组中的【结束联机演示】按钮即可结束联机演示。

9.1.6 在放映中添加注释

要想使观看者更加了解幻灯片所表达的意思，就需要在幻灯片中添加标注以达到演讲者的目的。添加标注的具体操作步骤如下。

1 放映幻灯片

按【F5】键放映幻灯片。

2 选择【笔】菜单命令

单击鼠标右键，在弹出的快捷菜单中选择【指针选项】▶【笔】菜单命令。

3 添加标注	4 单击鼠标右键
当鼠标指针变为一个点时，即可在幻灯片中添加标注。	单击鼠标右键，在弹出的快捷菜单中选择【指针选项】▶【荧光笔】菜单命令，当鼠标变为一条短竖线时，可在幻灯片中添加标注。

9.1.7 设置绘图笔颜色

在幻灯片放映时，可以根据需要设置绘图笔及荧光笔的颜色。设置绘图笔颜色的具体操作步骤如下。

1 单击深蓝	2 绘图笔颜色变为深蓝色
使用绘图笔在幻灯片中标注，单击鼠标右键，在弹出的快捷菜单中选择【指针选项】▶【墨迹颜色】菜单命令，在【墨迹颜色】列表中，单击一种颜色，如单击【深蓝】选项。	此时绘图笔颜色即变为深蓝色。

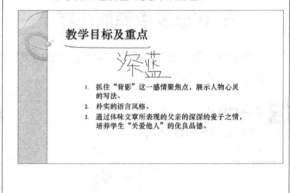

9.1.8 清除标注

注释添加有无或者不需要添加注释时，可以将注释擦除。清除标注的具体操作步骤如下。

1 添加幻灯片

放映幻灯片时，在添加有标注的幻灯片中，单击鼠标右键，在弹出的快捷菜单中选择【指针选项】▶【橡皮擦】菜单命令。

2 擦除标注

当鼠标光标变为 ✎ 时，在幻灯片中有标注的地方，按鼠标左键拖动，即可擦除标注。

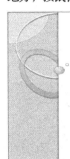

3 单击鼠标右键

单击鼠标右键，在弹出的快捷菜单中选择【指针选项】▶【擦除幻灯片上的所有墨迹】菜单命令。

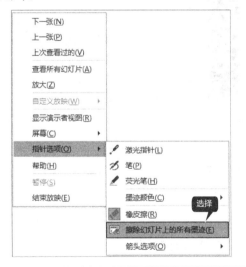

4 擦除墨迹

此时就将幻灯片中所添加的所有墨迹擦除。

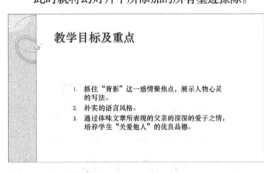

9.2 打印《工作报告》演示文稿

 本节视频教学时间：3分钟

常用的PPT演示文稿打印主要包括打印当前幻灯片、灰度打印以及在一张纸上打印多张幻灯片等。

9.2.1 打印当前幻灯片

打印当前幻灯片页面的具体操作步骤如下。

1 打开素材

　　打开随书光盘中的"素材\ch09\工作报告.pptx"文件，选择要打印的幻灯片页面，这里选择第4张幻灯片。

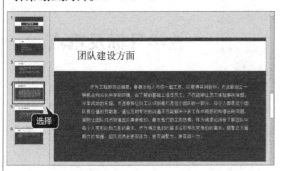

2 显示打印预览界面

　　单击【文件】选项卡，在其列表中的【打印】选项，即可显示打印预览界面。

3 打印当前幻灯片

　　在【打印】区域的【设置】组下单击【打印当前幻灯片】后的下拉按钮，在弹出的下拉列表中选择【打印当前幻灯片】选项。

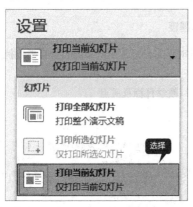

4 设置打印份数

　　即可在右侧的打印预览界面显示所选的第4张幻灯片内容。设置打印份数并单击【打印】按钮即可打印。

9.2.2 一张纸打印多张幻灯片

　　在一张纸上可以打印多张幻灯片，节省纸张，具体操作步骤如下。

1 设置打印6张幻灯片

　　在打开的"工作报告.pptx"演示文稿中，单击【文件】选项卡，选择【打印】选项。选择【打印全部幻灯片】选项，在【设置】组下单击【整页幻灯片】右侧的下拉按钮，在弹出的下拉列表中选择【6张水平放置的幻灯片】选项，设置每张纸打印6张幻灯片。

2 预览幻灯片

此时可以看到右侧的预览区域一张纸上显示了6张幻灯片。

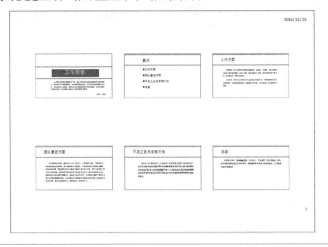

9.3 发布《公司宣传片》演示文稿

本节视频教学时间：5分钟

利用PowerPoint 2016的保存并发送功能可以将演示文稿创建为PDF文档、Word文档或视频，方便不同用户使用。

9.3.1 创建为PDF文档

对于希望保存的幻灯片，不想让他人修改，但还希望能够轻松共享和打印这些文件。此时可以使用PowerPoint 2016将文件转换为PDF或XPS格式。创建为PDF文档的具体操作步骤如下。

1 打开素材

打开随书光盘中的"素材\ch09\公司宣传片.pptx"文件。

2 选择【导出】选项

单击【文件】选项卡，选择【导出】选项，在右侧的【导出】区域选择【创建PDF/XPS文档】选项，单击【创建PDF/XPS】按钮。

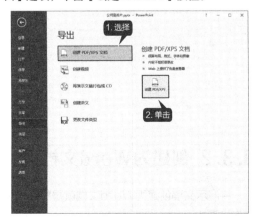

3	**输入文件名称**

弹出【发布为PDF或XPS】对话框，在【保存位置】文本框和【文件名】文本框中选择保存的路径，并输入文件名称，单击下方的【选项】按钮。

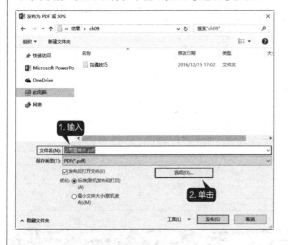

4	**设置保存**

在弹出的【选项】对话框中设置保存的范围、PDF选项等参数，单击【确定】按钮。

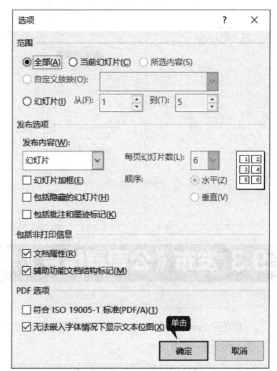

5	**单击【发布】按钮**

返回【发布为PDF或者XPS】对话框，单击【发布】按钮，系统开始自动发布幻灯片文件。

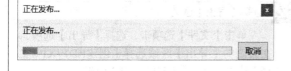

6	**打开 PDF 文件**

发布完成后，自动打开保存的PDF文件。

9.3.2 创建为Word文档

将演示文稿创建为Word文档就是将演示文稿创建为可以在Word中编辑和设置格式的讲义。具体操作步骤如下。

1 创建讲义

　　单击【文件】选项卡，选择【导出】菜单命令，在右侧的【导出】区域选择【创建讲义】选项，单击【创建讲义】按钮。

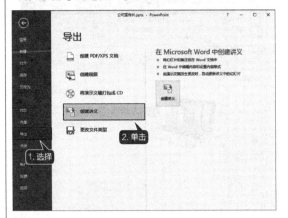

2 只使用大纲图

　　在弹出的【发送到Microsoft Word】对话框的【Microsoft Word使用的版式】区域中选中【只使用大纲】单选按钮。

3 单击【确定】按钮

　　单击【确定】按钮，系统自动启动Word，并将演示文稿中的字符转换到Word文档中。

提示

要转换的演示文稿必须是用 PowerPoint 内置的"幻灯片版式"制作的幻灯片。如果是通过插入文本框等方法输入的字符，是不能实现转换的。

9.3.3　创建为视频

　　除了将演示文稿创建为PDF文档和Word文档外，还可以将演示文稿导出为视频的形式，使用播放器查看，具体操作步骤如下。

1 单击文件

　　单击【文件】选项卡，选择【导出】选项，在右侧的【导出】区域选择【创建视频】选项，并在【放映每张幻灯片的秒数】微调框中设置放映每张幻灯片的时间，单击【创建视频】按钮。

2 设置保存

弹出【另存为】对话框。在【保存位置】和【文件名】文本框中分别设置保存路径和文件名，单击【保存】按钮。

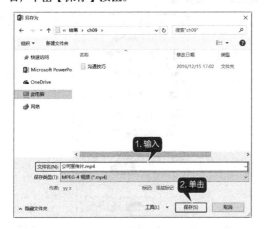

3 开始制作视频

系统自动开始制作视频，并在状态栏中显示视频的制作进度。

4 播放该视频

根据文件保存的路径找到制作好的视频文件，即可播放该视频文件。

举一反三

本节主要是介绍设置放映幻灯片方式、打印演示文稿及发布演示文稿等，类似的操作还有商务会议PPT的放映、论文答辩PPT的放映、公司会议PPT、销售计划PPT、文化宣传PPT等。下图所示分别为销售计划PPT的放映和楼盘简介PPT的放映。

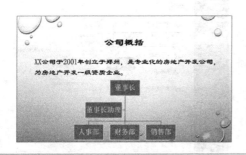

高手私房菜

技巧1：在窗口模式下播放PPT

在播放PPT演示文稿的时候，如果想要进行其他的操作，就需要先进行切换。这样反复操作起来很麻烦，但是通过PPT窗口模式播放就解决了这一难题。

1　显示演示者视图

在播放时单击左下角最右侧的按钮，在弹出的快捷菜单上选择【显示演示者视图】选项。

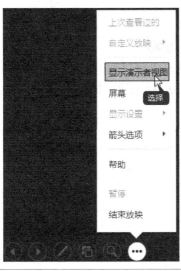

2　播放 PPT

即可在在窗口模式下播放PPT。

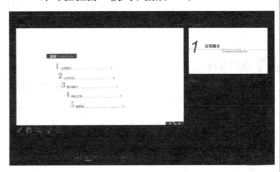

技巧2：打包PPT

即使所使用的计算机上没有安装PowerPoint软件，但通过PowerPoint 2016提供的【打包成CD】功能，仍可以实现播放幻灯片的目的。其具体的操作步骤如下。

1　打开素材

打开随书光盘中的"素材\ch09\沟通技巧.pptx"文件。单击【文件】选项卡，在弹出的下拉菜单中选择【导出】菜单命令，在弹出的子菜单中选择【将演示文稿打包成CD】菜单命令，并单击【打包成CD】按钮。

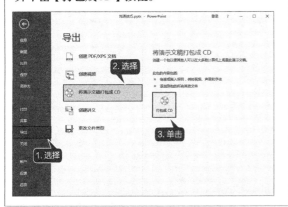

2　复制到文件夹

弹出【打包成CD】对话框，输入将要创建的CD的名称。单击【复制到文件夹】按钮。

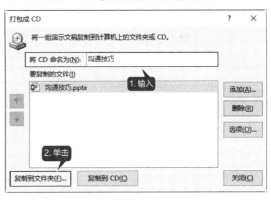

3 选择复制的位置	4 开始复制文件
弹出【复制到文件夹】对话框，单击【浏览】按钮，选择要复制到的位置，单击【确定】按钮。	单击【确定】按钮。弹出【Microsoft PowerPoint】提示对话框，单击【是】按钮，系统自动开始复制文件到文件夹。
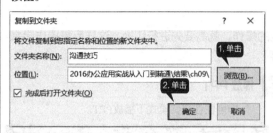	

5 自动运行	6 完成打包操作
复制完成后，系统自动打开生成的CD文件夹。如果所使用计算机上没有安装PowerPoint，操作系统将自动运行"AUTORUN.INF"文件，并播放幻灯片文件。	返回打开的"沟通技巧.pptx"文件，单击【打包成CD】对话框中的【关闭】按钮，完成打包操作。

第 10 章

将内容表现在 PPT 上
——实用型 PPT 实战

本章视频教学时间：1 小时 16 分钟

PPT 的灵魂是"内容"。在使用 PPT 给观众传达信息时，首先要考虑内容的实用性和易读性，力求做到简单（使观众一看就明白要表达的意思）和实用（观众能从中获得有用的信息）。特别是用于讲演、课件、员工培训、公司会议等情况下的 PPT，更要如此。

【学习目标】

通过本章的学习，可以掌握实用型 PPT 的制作。

【本章涉及知识点】

制作毕业设计课件 PPT
制作员工培训 PPT
制作公司会议 PPT
制作沟通技巧 PPT

10.1 制作毕业设计PPT

 本节视频教学时间：14分钟

毕业设计课件PPT是毕业生经常用到的一种演示文稿类型，制作一份精美的毕业设计课件PPT可以加深论文答辩老师对设计课件的印象，达到事半功倍的效果。

10.1.1 设计首页幻灯片

本节主要涉及应用主题、设置文本格式等内容。

1 单击设计

启动PowerPoint 2016，新建一个pptx文件。然后单击【设计】选项卡下【主题】选项组中的【其他】按钮▼，在弹出的下拉列表中选择【丝状】主题样式。

2 主题创建完成

主题创建完成后如下图所示。

3 输入标题

输入演示文稿的标题和副标题。

4 设置标题文字

选中标题文字，将文字样式改为【华文行楷】，字体大小设置为96，然后单击加粗。最后单击【段落】选项组的居中按钮，将文字设置为居中。

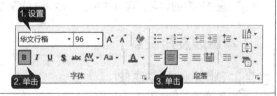

5 调整标题

重复步骤4，选中副本标题的文字，将文字样式设置为【华文行楷】，字体大小为32，然后单击加粗，单击【段落】选项组的右对齐按钮。最后选中标题和副标题的输入框将它们调节到合适的位置，效果如右图所示。

10.1.2 设计第2张幻灯片

本节主要涉及输入文本、设置文本格式等内容。

1 选择【标题和内容】选项

单击【开始】选项卡下的【幻灯片】选项组中的【新建幻灯片】按钮，在弹出的快捷菜单中选择【标题和内容】选项。

2 单击段落

在新添加的幻灯片中单击【单击此处添加标题】文本框，在该文本框中输入"商业插画概述"，并将字体样式设置为【华文楷体】，将字体大小设置为36，然后单击加粗。最后单击【段落】选项组的左对齐按钮，将文字左对齐。

3 添加文本

单击【单击此处添加文本】文本框，删除文本框中的所有内容，将随书光盘中的"素材\ch10\商业插画概述.txt"文件中的内容粘贴过来，并设置字体为【华文楷体】，字号为24。

4 设置段落

选中"商业插画概述"的文本内容，单击鼠标右键，在弹出的快捷菜单中选择【段落】选项，在弹出的【段落】对话框中进行如下设置。

5 设置完成

设置完成后效果如下图所示。

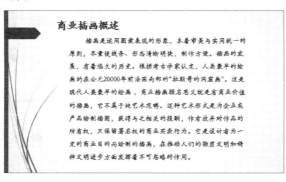

10.1.3 设计第3张幻灯片

本节主要涉及输入文本、插入图片及设置图片格式等内容。

1 选中幻灯片

选中上节创建的幻灯片，按【Ctrl+C】组合键复制，然后在该幻灯片的下方按【Ctrl+V】组合键粘贴。

2 修改标题和内容

分别选中标题和内容文本对其进行修改。

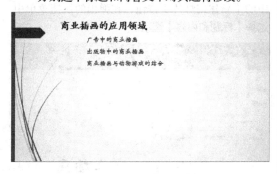

3 选择项目符号

选中下面的内容文本框中的三行文字，然后单击【开始】选项卡【段落】组中的【项目符号】下拉按钮，在弹出的下拉列表中选择相应的项目符号。

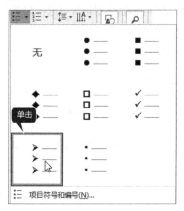

4 设置行距

单击【开始】选项卡【段落】组中右下角的 ，在弹出的【段落】对话框中将行距设置为【双倍行距】。

5 添加项目

添加项目和重新设置段落间距后如下图所示。

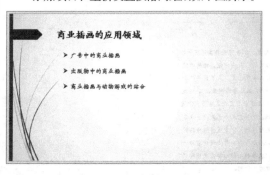

6 插入图片

单击【插入】选项卡下【图像】组中的【图片】按钮，在弹出的【插入图片】对话框中选中随书附带光盘中的"素材\ch10\插图1.jpg"。

7 调整图片位置

单击【插入】按钮，将图片插入到幻灯片中。调整图片的位置后如下图所示。

8 选择图案

选中图片，然后单击【格式】选项卡下【图片样式】组中的【其他】按钮⁝，在弹出的下拉列表中选择【金属椭圆】图案。

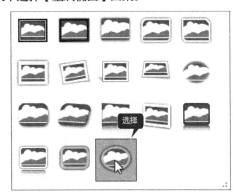

9 调整图片大小

图片的样式设置完成后，选中图片，然后拖动图片四周的句柄对图片的大小进行调整，结果如下图所示。

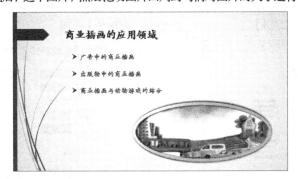

10.1.4 设计第4张幻灯片

本节主要涉及插入SmartArt图形、设置SmartArt图形格式等内容。

1 粘贴幻灯片

按【Ctrl+C】组合键复制第3张幻灯片，然后在第三张幻灯片下方按【Ctrl+V】粘贴。

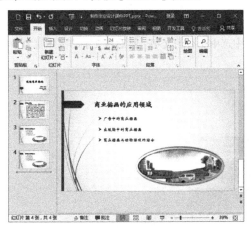

2 更改标题

将幻灯片的标题改为"插画的审美特性"，然后将其他内容全部删除。

3 选择 SmartArt 图形

单击【插入】选项卡下【插入】选项组中的【SmartArt】按钮，在弹出的【选择SmartArt图形】对话框上选择【列表】区域中的【垂直曲形列表】选项。

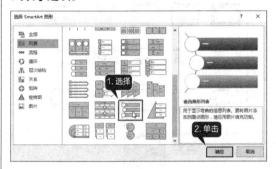

4 输入文本

单击【确定】按钮，然后输入文本内容。

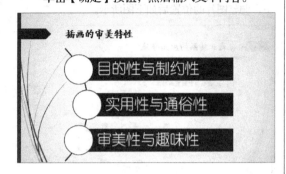

5 选择彩色

选中SmartArt图形，然后单击【设计】选项卡下【插入】下拉按钮，在弹出的下来列表中选择【彩色】选项区的【个性色2至3】。

6 单击设计

单击【设计】选项卡下【SmartArt样式】组中的【其他】按钮，在弹出的下拉列表中选择【平面场景】选项。

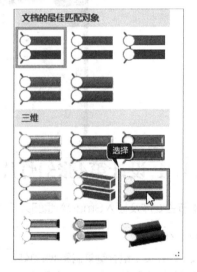

7 修改字体

单击SmartArt图形左边框上的按钮，在弹出的文本框中选中所有的文字，然后将文字的字体改为【华文彩云】，字号改为36，效果如下图所示。

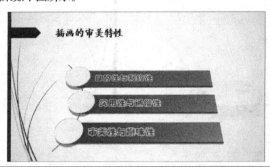

10.1.5　设计结束幻灯片

本节主要涉及插入艺术字、输入文本内容等。

1　复制第 4 张幻灯片

按【Ctrl+C】组合键复制第4张幻灯片，然后在第4张幻灯片下方按【Ctrl+V】粘贴。

2　插入艺术字

删除所有内容后单击【插入】选项卡下【文本】选项组中的【艺术字】按钮，在弹出的下拉列表中选择【填充—白色，轮廓—着色1，发光—着色1】选项。

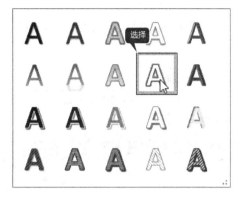

3　设置字体

在插入的艺术字体文本框中输入"谢谢观看"，然后设置【字体】为"华文行楷"，【字号】为"96"。

4　单击形状效果

选中文本框，然后单击【开始】选项卡【绘图】组中的【形状效果】的下拉按钮，在弹出的下拉列表中选择【三维旋转】▶【平行】▶【离轴1 右】。

5　设置完成

形状效果设置完成后结果如下图所示。

10.2 制作员工培训PPT

 本节视频教学时间：25分钟

员工培训是组织或公司为了开展业务及培育人才的需要，采用各种方式对员工进行有目的、有计划的培养和训练的管理活动，使员工不断更新知识，开拓技能，能够更好地胜任现职工作或担负更高级别的职务，从而提高工作效率。

10.2.1 设计员工培训首页幻灯片

设计员工培训首页幻灯片页面的步骤如下。

1 进入工作界面

启动PowerPoint 2016应用软件，进入PowerPoint工作界面。

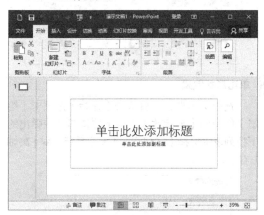

2 设计主题

单击【设计】选项卡【主题】组中的【平面】选项。

3 插入艺术字

删除【单击此处添加标题】文本框，单击【插入】选项卡下【文本】组中的【艺术字】按钮，在弹出的下拉列表中选择"填充－黑色，文本1，阴影"选项。

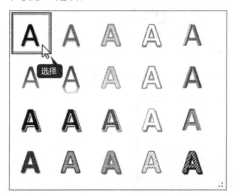

4 输入字体

在插入的艺术字文本框中输入"员工培训"，并设置【字号】为"100"，设置【字体】为"华文隶书"。

5 设置字体

重复步骤3~4在插入的艺术字文本框中输入"主讲人：孔经理"，并设置【字号】为"54"，设置【字体】为"华文隶书"。

6 选择【旋转】选项

选中"主讲人：孔经理"文本框，单击【动画】选项卡【动画】组下的【其他】按钮，在弹出的下拉列表中选择【旋转】选项。

7 置切换效果

单击【转换】选项卡【切换到此幻灯片】组中的【其他】按钮，在弹出的下拉列表中选择【摩天轮】选项为本张幻灯片设置切换效果。

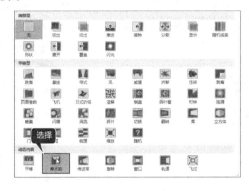

10.2.2 设计员工培训现况简介幻灯片

设计员工培训现况简介幻灯片页面的操作步骤如下。

1 新建幻灯片

单击【开始】选项卡【幻灯片】组中的【新建幻灯片】按钮，在弹出的快捷菜单中选择【标题和内容】选项。

2 设置字体

在新添加的幻灯片中单击【单击此处添加标题】文本框，并在该文本框中输入"现况简介"文本内容，设置【字体】为"宋体（标题）"，设置【字号】为"54"，设置字体样式为"文字阴影"。

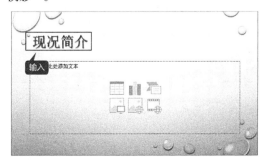

3 选择插图

将【单击此处添加文本】文本框删除，之后单击【插入】选项卡【插图】组中的【SmartArt】按钮，在弹出的【选择 SmartArt图形】对话框中选择【列表】区域中的【梯形列表】选项。

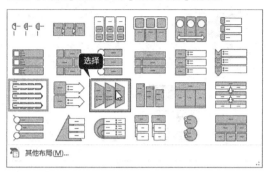

4 输入文本内容

单击【确定】按钮，然后输入相应的文本内容。

5 更改颜色

选中刚插入的SmartArt图形，然后单击【设计】选项卡下【更改颜色】组的下拉按钮，在弹出的下拉列表中选中【彩色范围—个性色5至6】。

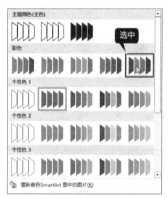

6 选择平面场景

在SmartArt样式列表中选择【平面场景】。

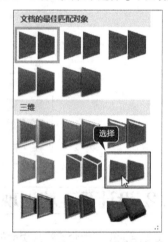

7 设置完成

SmartArt图形的样式设置完成后如下图所示。

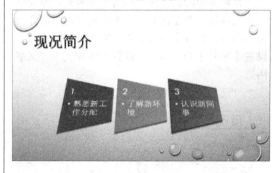

8 单击【擦除】选项

选择插入的SmartArt图形，单击【动画】选项卡【动画】组中的【擦除】选项。

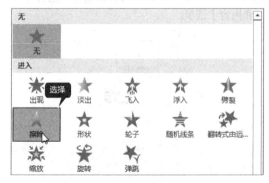

9 选择【效果选项】

单击【动画】选项卡【高级动画】组中的【动画窗格】按钮，在弹出的【动画窗格】窗口中，单击动画选项右侧的下拉按钮，在弹出的下拉列表中选择【效果选项】选项。

10 选择【自左侧】

在弹出的【擦除】对话框上单击【效果】选项卡下【设置】区域中的【方向】下拉列表框，在弹出的下拉列表中选择【自左侧】选项。

11 单击【开始】下拉列表框

单击【计时】选项卡下的【开始】下拉列表框，在弹出的下拉列表中选择【上一动画同时】选项。

12 选择【逐个】选项

打开【SmartArt】选项卡下的【组合图形】下拉列表框，选择【逐个】选项。

13 单击【确定】按钮

单击【确定】按钮，返回幻灯片设计窗口，查看【动画窗格】窗口与幻灯片的设计效果。

14 选择【轨道】选项

单击【切换】选项卡【切换到此幻灯片】组中的【其他】按钮，在弹出的下拉列表中选择【轨道】选项为本张幻灯片设置切换效果。

10.2.3 设计员工学习目标幻灯片

设计员工学习目标幻灯片页面的操作步骤如下。

1 设置字体

单击【新建幻灯片】按钮，在弹出的快捷菜单中选择【标题和内容】选项。在新添加的幻灯片中单击【单击此处添加标题】文本框，并在该文本框中输入"学习目标"，设置【字体】为"宋体（标题）"，设置【字号】为"54"，设置字体样式为"文字阴影"。

2 调整文本框

将【单击此处添加文本】文本框删除，之后单击【插入】选项卡【文本】组中的【文本框】按钮，在弹出的下拉菜单中选择【横排文本框】选项，绘制一个文本框并输入相关的文本内容，设置【字体】为"宋体（正文）"，设置【字号】为"40"，之后对文本框进行移动调整。

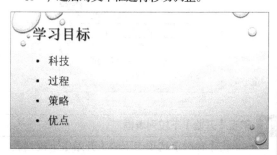

3 单击【浮入】选项

选中上一步操作中所设计的文本框，单击【动画】选项卡【动画】组中的【浮入】选项。

4 选择【效果选项】选项

单击【动画】选项卡【高级动画】组中的【动画窗格】按钮，单击弹出的【动画窗格】窗口的动画选项右侧的下拉按钮，在弹出的下拉列表中选择【效果选项】选项。

5 单击【计时】选项卡

在弹出的【上浮】对话框单击【计时】选项卡，在【开始】下拉列表中选择【与上一动画同时】选项。

6 设置间隔时间

单击【正文文本动画】按钮，将组合文本设置为【按第一级段落】，然后设置间隔时间为0.5秒。

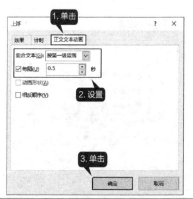

7 最终效果如图

单击【确定】按钮，最终【动画窗格】窗口的设计效果如下图所示。

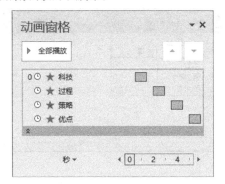

8 设置图片效果

单击【插入】选项卡【图像】组中的【图片】按钮，在弹出的【插入图片】对话框中选择随书光盘中的"素材\ch10\学习.jpg"文件，选中图片，单击【格式】选项卡【图片样式】组中【图片效果】下拉按钮，在弹出的下拉列表中选择【映像】效果为【紧密映像，接触】。

9 调整插入图片

对插入图片进行调整，最终效果如下图所示。

10 设置切换效果

单击【切换】选项卡【切换到此幻灯片】组中的【其他】按钮，在弹出的下拉列表中选择【缩放】选项，为本张幻灯片设置切换效果。

10.2.4 设计员工曲线学习技术幻灯片

设计员工曲线学习技术幻灯片页面的步骤如下。

1 设置字体

新建一张【标题和内容】幻灯片，在新添加的幻灯片中单击【单击此处添加标题】文本框，并在该文本框中输入"曲线学习技术"文本内容，设置【字体】为"宋体（标题）"，设置【字号】为"54"，设置字体样式为"文字阴影"。

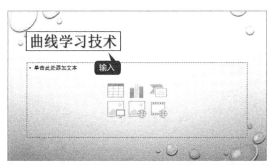

2 插入图表

将【单击此处添加文本】文本框删除，之后单击【插入】选项卡【插图】组中的【图表】按钮，在弹出的【插入图表】对话框中，选择【堆积折线图】选项。

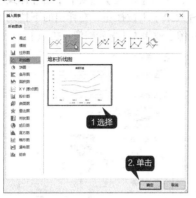

3 按下表进行设计

单击【确定】按钮，在弹出的【Microsoft PowerPoint中的图表】对话框中，按下表进行设计。

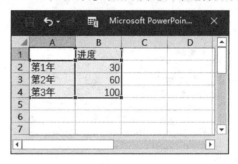

4 查看设计效果

关闭【Microsoft PowerPoint中的图表】对话框，查看设计效果。

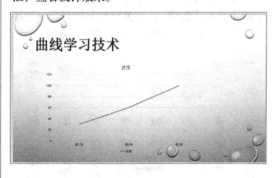

5 设置切换效果

单击【切换】选项卡【切换到此幻灯片】组中的【其他】按钮 ，在弹出的下拉列表中选择【旋转】选项，为本张幻灯片设置切换效果。

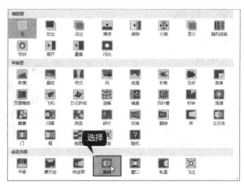

10.2.5 设计工作要求幻灯片

设计工作要求幻灯片页面的步骤如下。

1 设置字体

新建一张【标题和内容】幻灯片，在新添加的幻灯片中单击【单击此处添加标题】文本框，并在该文本框中输入"把工作做到最好"，设置【字体】为"宋体（标题）"，设置【字号】为"54"，设置字体样式为"文字阴影"。

2 调整文本框

将【单击此处添加文本】文本框删除，之后单击【插入】选项卡【文本】组中的【文本框】按钮，在弹出的下拉菜单中选择【横排文本框】选项，绘制一个文本框并输入相关的文本内容，设置【字体】为"宋体（正文）"且加粗，设置【字号】为"40"，之后对文本框进行移动调整。

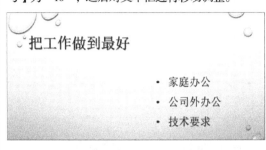

3 插入文件

插入随书光盘中的"素材\ch10\工作.jpg"文件，并调整图片位置，最终效果如下图所示。

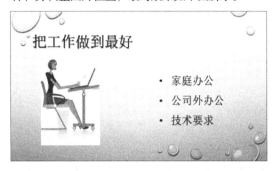

4 选择【翻转】选项

单击【切换】选项卡【切换到此幻灯片】组中的【其他】按钮，在弹出的下拉列表中选择【翻转】选项为本张幻灯片设置切换效果。

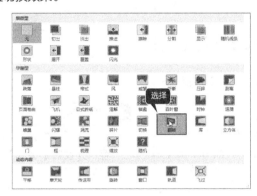

10.2.6 设计问题与总结幻灯片

设计问题与总结幻灯片页面的操作步骤如下。

1 设置字体

新建一张【标题和内容】幻灯片，在新添加的幻灯片中单击【单击此处添加标题】文本框，并在该文本框中输入"总结与问题"，设置【字体】为"宋体（标题）"，设置【字号】为"54"，设置字体样式为"文字阴影"。

2 插入艺术字

将【单击此处添加文本】文本框删除，之后单击【插入】选项卡【文本】组中的【艺术字】按钮，在弹出的下拉列表中选择"填充–白色，轮廓–着色2，清晰阴影–着色2"选项。

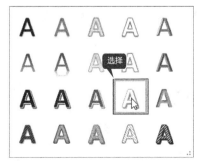

3 调整位置

插入"总结"和"问题"两个艺术字，并设置【字体】为"华文行楷"，设置【字号】为"80"并调整其位置。

4 设置效果

分别设置两个艺术字的动画为"飞入"效果。

5 设置切换效果

单击【切换】选项卡【切换到此幻灯片】组中的【淡出】选项，为本张幻灯片设置切换效果。

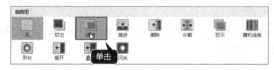

10.2.7 设计结束幻灯片页面

设计员工培训结束幻灯片页面的步骤如下。

1 插入艺术字

新建一张【标题和内容】幻灯片，删除新插入幻灯片页面中的所有文本框，然后单击【插入】选项卡【文本】组中的【艺术字】按钮，在弹出的下拉列表中选择"填充 – 黑色，文本1，轮廓 – 背景1，清晰阴影 – 背景1"选项。

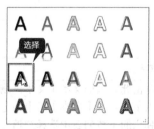

2 设置字体

在插入的艺术字文本框中输入"完"文本内容，并设置【字号】为"150"，设置【字体】为"华文行楷"。

3 设置动画效果

设置艺术字的动画效果为"缩放"。

4 设置切换效果

单击【切换】选项卡【切换到此幻灯片】组中的【擦除】选项，为本张幻灯片设置切换效果。

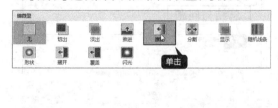

5　保存文件

将制作好的幻灯片保存为"员工培训PPT.pptx"文件。

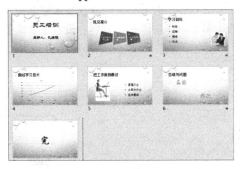

10.3 制作会议PPT

本节视频教学时间：12分钟

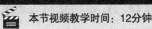

会议是人们为了解决某个共同的问题或出于不同的目的聚集在一起进行讨论、交流的活动。本节将来制作一个发展战略研讨会的幻灯片。

10.3.1　设计会议首页幻灯片页面

设计会议首页幻灯片页面的步骤如下。

1　选择【回顾】选项

启动PowerPoint 2016应用软件，进入PowerPoint工作界面。选择【设计】选项卡【主题】组中【回顾】选项。

2　插入艺术字

删除【单击此处添加标题】文本框，单击【插入】选项卡【文本】组中的【艺术字】按钮，在弹出的下拉列表中选择【图案填充 – 橙色，个性色1，50%，清晰阴影-个性色1】选项。

3　输入文本内容

在插入的艺术字文本框中输入"发展战略研讨会"文本内容，并设置【字号】为"80"，设置【字体】为"黑体"。

4 选中艺术字	**5 添加副标题**
选中艺术字，单击【格式】选项卡【艺术字样式】组中的【文字效果】按钮 A·，在弹出的下拉列表中选择【映像】区域下的【紧密映像，接触】选项。 	单击【单击此处添加副标题】文本框，并在该文本框中输入"先锋科技有限公司"文本内容，设置【字体】为"隶书"，设置【字号】为"54"，并拖曳文本框至合适的位置。 

10.3.2 设计会议内容幻灯片页面

设计会议内容幻灯片页面的步骤如下。

1 设置字体	**2 选择【横排文本框】选项**
新建一张【标题和内容】幻灯片，并输入标题"会议内容"，设置【字体】为"隶书"且加粗，设置【字号】为"66"。 	将【单击此处添加文本】文本框删除，之后单击【插入】选项卡【文本】组中的【文本框】按钮，在弹出的下拉菜单中选择【横排文本框】选项。绘制一个文本框并输入相关文本内容，设置【字体】为"华文新魏"，设置【字号】为"36"，并设置段落间距为1.5倍。 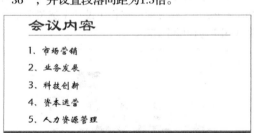
3 插入图片	**4 单击【飞入】选项**
单击【插入】选项卡【图像】组中的【图片】按钮，在弹出的【插入图片】对话框中选择随书光盘中的"素材\ch10\会议.jpg"文件。将图片插入幻灯片并调整图片的位置，最终效果如下图所示。 	选中文本框中的文字内容，单击【动画】选项卡【动画】组中的【飞入】选项。 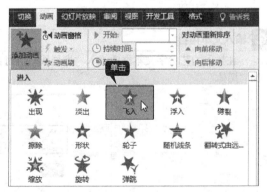

5 单击【动画窗格】按钮

单击【动画】选项卡【高级动画】组中的【动画窗格】按钮,弹出【动画空格】窗口。单击【动画窗格】中的动画选项右侧的下拉按钮,设置2~5行文字的动画效果为"从上一项之后开始"。

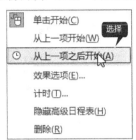

6 设置动画效果

选中图片,设置图片的动画为"淡出",在【动画窗格】窗口中设置动画效果为"从上一项之后开始"。

7 单击切换

单击【切换】选项卡【切换到此幻灯片】组中的【随机线条】选项,为本张幻灯片设置切换效果。

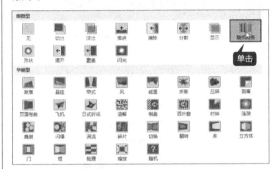

8 制作完成

制作完成的最终效果如下图所示。

10.3.3 设计会议讨论幻灯片页面

设计会议讨论幻灯片页面的步骤如下。

1 设置字体

新建一张【标题和内容】幻灯片,并输入标题"讨论",设置【字体】为"隶书"且加粗,设置【字号】为"40"。

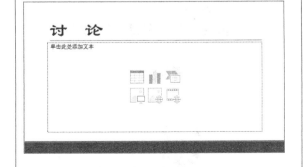

2 选择【横排文本框】选项

将【单击此处添加文本】文本框删除,之后单击【插入】选项卡【文本】组中的【文本框】按钮,在弹出的下拉菜单中选择【横排文本框】选项。绘制一个文本框并输入相关文本内容,设置【字体】为"华文新魏",设置【字号】为"36",并设置段落间距为1.5倍。

3 插入图片

单击【插入】选项卡【图像】组中的【图片】按钮，选择随书光盘中的"素材\ch10\讨论.jpg"文件，将图片插入幻灯片并调整图片的位置，最终效果如下图所示。

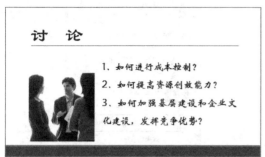

4 选中文字内容

选中文本框中的文字内容，单击【动画】选项卡【动画】组中【浮入】选项。

5 单击【动画窗格】按钮

单击【动画】选项卡【高级动画】组中的【动画窗格】按钮，弹出【动画空格】窗口。单击【动画窗格】窗口中的动画选项右侧的下拉按钮，设置2～4行文字的动画效果为"从上一项之后开始"。

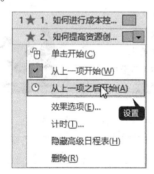

6 设置动画效果

选中图片，设置图片的动画为"淡出"，在【动画窗格】窗口中设置动画效果为"从上一项开始"，【动画窗格】窗口的最终效果如下图所示。

7 选中图片

选中图片，在【动画窗格】窗口中单击右边的下三角按钮 ，在弹出下拉列表中选择【计时】选项。弹出【淡出】对话框，设置【期间】值为"慢速（3秒）"。

8 选择【立方体】选项

单击【确定】按钮，关闭【淡出】对话框，单击【切换】选项卡【切换到此幻灯片】组中的【其他】按钮 ，在弹出的下拉列表中选择【立方体】选项，为本张幻灯片设置切换效果。

10.3.4 设计会议结束幻灯片页面

设计会议结束幻灯片页面的步骤如下。

1 单击【艺术字】按钮

单击【开始】选项卡【幻灯片】组中的【新建幻灯片】按钮，在弹出的快捷菜单中选择【空白】选项。删除新插入幻灯片页面中的所有文本框，单击【插入】选项卡【文本】组中的【艺术字】按钮，在弹出的下拉列表中选择【填充–白色，轮廓–着色2，清晰阴影–着色2】选项。

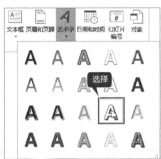

2 插入艺术字

在插入的艺术字文本框中输入"谢谢观看"文本内容，并设置【字号】为"150"，设置【字体】为"华文行楷"。

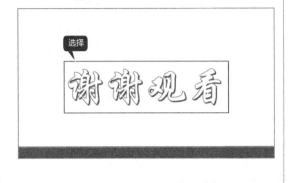

3 设置切换效果

单击【切换】选项卡【切换到此幻灯片】组中的【其他】按钮，在弹出的下拉列表中选择【日式折纸】选项，为本张幻灯片设置切换效果。

4 保存文件

将制作好的幻灯片保存为"制作会议PPT.pptx"文件。

10.4 制作沟通技巧PPT

本节视频教学时间：25分钟

沟通是人与人之间、人与群体之间思想、感情的传递和反馈的过程，以求思想达成一致和感情的通畅。沟通是社会交际中必不可少的技能，沟通的成效直接影响着工作或事业成功与否。

10.4.1 设计幻灯片母版

此演示文稿中除了首页和结束页外，其他所有幻灯片中都需要在标题处放置一个关于沟通交际的图片，为了体现版面的美观，并设置四角为弧形。设计幻灯片母版的操作步骤如下。

1　设置 T 幻灯片大小

启动PowerPoint 2016，进入PowerPoint工作界面。单击【设计】选项卡下【自定义】组中【幻灯片大小】按钮的下拉按钮，选择【标准（4:3）】选项，设置【幻灯片大小】为"标准（4:3）"。

2　单击【幻灯片母版】按钮

单击【视图】选项卡下【母版视图】中的【幻灯片母版】按钮，切换到幻灯片母版视图，并在左侧列表中单击第1张幻灯片。

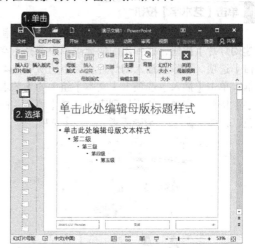

3　单击【插入】按钮

单击【插入】选项卡【图像】组中的【图片】按钮，在弹出的对话框中浏览到"素材\ch10\背景1.png"文件，单击【插入】按钮。

4　插入图片

插入图片并调整图片的位置，如下图所示。

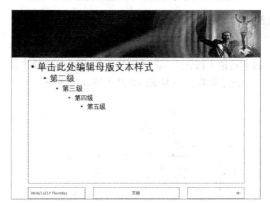

5　填充颜色

使用形状工具在幻灯片底部绘制1个矩形框，并填充颜色为蓝色（R:29，G:122，B:207）。

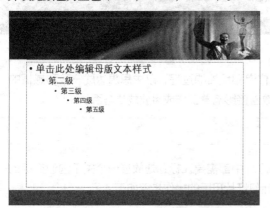

6　调整圆角角度

使用形状工具绘制1个圆角矩形，并拖动圆角矩形左上方的黄点，调整圆角角度。设置【形状填充】为"无填充颜色"，设置【形状轮廓】为"白色"、【粗细】为"4.5磅"。

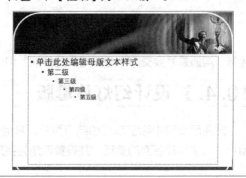

7　设置形状

在左上角绘制1个正方形，设置【形状填充】和【形状轮廓】为"白色"并右键单击，在弹出的快捷菜单中选择【编辑顶点】选项，删除右下角的顶点，并单击斜边中点向左上方拖动，调整为如下图所示的形状。

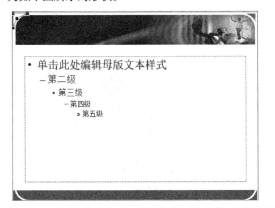

8　绘制调整角的形状

按照上述操作，绘制并调整幻灯片其他角的形状。

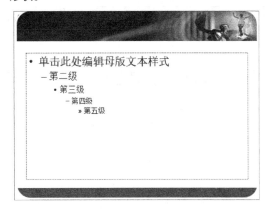

9　设置内容字体

将标题框置于顶层，并设置内容字体为"微软雅黑"、字号为"40"、颜色为"白色"。

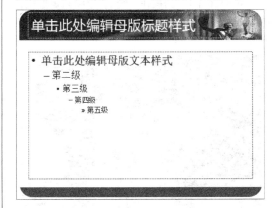

10　保存演示文稿

单击快速访问工具栏中的【保存】按钮，将演示文稿保存为"沟通技巧.pptx"。

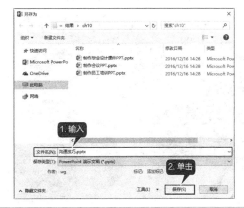

10.4.2　设计首页和图文幻灯片

首页幻灯片由能够体现沟通交际的背景图和标题组成，具体操作步骤如下。

第1步：设计首页幻灯片

1　选择左侧幻灯片

在幻灯片母版视图中选择左侧列表的第2张幻灯片。

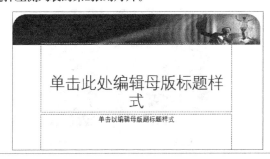

2 隐藏背景图形

选中【幻灯片母版】选项卡【背景】组中的【隐藏背景图形】复选框。

3 单击【文件】按钮

单击【背景】选项组右下角的按钮，在弹出的【设置背景格式】窗格的【填充】区域中选择【图片或纹理填充】单选按钮，并单击【文件】按钮，在弹出的对话框中选择"素材\ch10\首页.jpg"。

4 设置幻灯片

设置背景后的幻灯片如下图所示。

5 调整形状顶点

按照10.4.1节的操作，绘制1个圆角矩形框，在四角绘制4个正方形，并调整形状顶点，如下图所示。

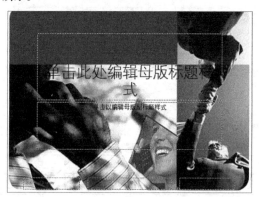

6 返回普通视图

单击【关闭母版视图】按钮，返回普通视图。在幻灯片中输入文字"提升你的沟通技巧"。

第2步：设计图文幻灯片

图文幻灯片的目的是使用图形和文字形象地说明沟通的重要性，设置图文幻灯片的具体操作步骤如下。

1 输入标题

新建1张【仅标题】幻灯片，并输入标题"为什么要沟通？"。

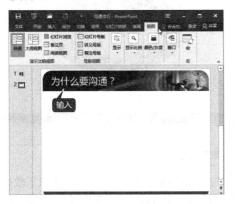

2 插入图像

单击【插入】选项卡【图像】组中的【图片】按钮，插入"素材\ch10 \沟通.png"，并调整图片的位置。

3 编辑文字

使用形状工具插入两个云形标注。右键单击云形标注，在弹出的快捷菜单中选择【编辑文字】选项，并输入如下文字。

4 新建幻灯片

新建1张【标题和内容】幻灯片，并输入标题"沟通有多重要？"。

5 单击【确定】按钮

单击内容文本框中的图表按钮，在弹出的【插入图表】对话框中选择【饼图】▶【三维饼图】选项，单击【确定】按钮。

6 修改数据

在打开的Excel工作簿中修改数据如下。

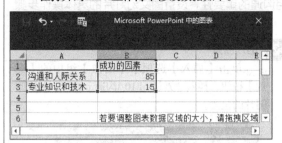

7 修改图表

保存并关闭Excel工作簿，即可在幻灯片中插入图表，并修改图表如下图所示。

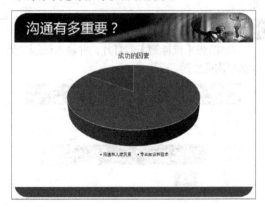

8 选择图表

选择图表，然后单击【设计】▶【图表样式】，选择样式9，结果如下图所示。

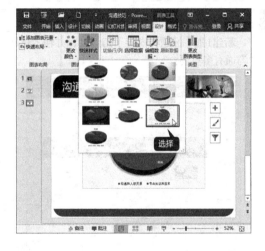

9 选择饼状图

选择饼状图并双击，在弹出的【设置数据系列格式】窗格中将饼状【点爆炸型】设置为15%。

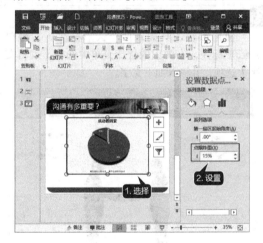

10 插入文本框

在图表下方插入1个文本框，输入内容，并调整文字的字体、字号和颜色，如下图所示。

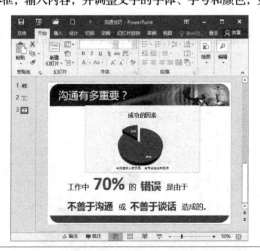

10.4.3 设计图形幻灯片

使用各种形状图形和SmartArt图形直观地展示沟通的重要原则和高效沟通的步骤，设计图形幻灯片的具体操作步骤如下。

第1步：设计"沟通重要原则"幻灯片

1 新建幻灯片

新建1张【仅标题】幻灯片，并输入标题内容"沟通的重要原则"。

2 调整圆角矩形

使用形状工具绘制5个圆角矩形，调整圆角矩形的圆角角度，并分别应用一种形状样式。

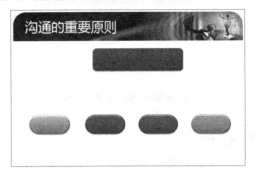

3 设置形状填充

再绘制4个圆角矩形，设置【形状填充】为【无填充颜色】，分别设置【形状轮廓】为绿色、红色、蓝色和橙色。

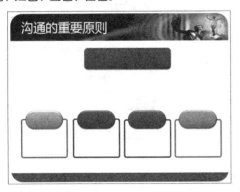

4 输入文字

右键单击形状，在弹出的快捷菜单中选择【编辑文字】选项，输入文字，如下图所示。

5 绘制直线

绘制直线将图形连接起来。

第2步：设计"高效沟通步骤"幻灯片

1 输入标题

新建1张【仅标题】幻灯片，并输入标题"高效沟通步骤"。

2 选择图形

单击【插入】选项卡【插图】组中的【SmartArt】按钮，在弹出的【选择SmartArt图形】对话框中选择【连续块状流程】图形，单击【确定】按钮。

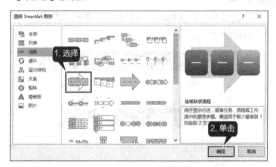

3 输入文字

在SmartArt图形中输入文字，如下图所示。

4 更改颜色

选择SmartArt图形，单击【设计】选项卡【SmartArt样式】组中的【更改颜色】按钮，在下拉列表中选择【彩色轮廓 – 个性色3】选项。

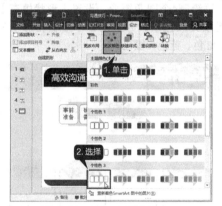

5 选择【嵌入】选项

单击【SmartArt样式】组中的 按钮，在下拉列表中选择【嵌入】选项。

6 绘制圆角矩形

在SmartArt图形下方绘制6个圆角矩形，并应用蓝色形状样式。

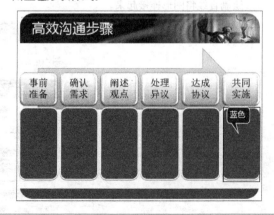

7 输入文字

在圆角矩形中输入文字，为文字添加"√"形式的项目符号，并设置字体颜色为"白色"，如下图所示。

10.4.4 设计结束页幻灯片和切换效果

结束页幻灯片和首页幻灯片的背景一致，只是标题内容不同。具体操作步骤如下。

1 输入文本

新建1张【标题幻灯片】，并在标题文本框中输入"谢谢观看！"。

2 应用淡出效果

选择第1张幻灯片，并单击【转换】选项卡【切换到此幻灯片】组中的 按钮，应用【淡出】效果。

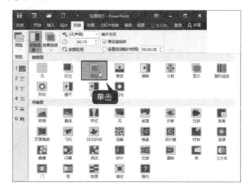

3 查看切换效果

分别为其他幻灯片应用切换效果，并单击【预览】按钮查看切换效果。

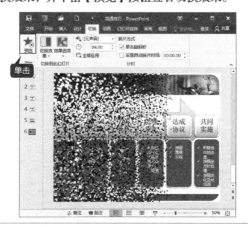

4　制作完成

按【F5】快捷键观看演示文稿放映，制作完成的沟通技巧PPT效果如下图所示。

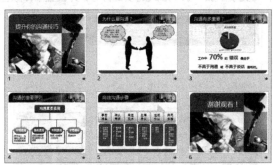

至此，沟通技巧演示文稿制作完成。

第11章

让别人快速明白你的意图
——报告型 PPT 实战

本章视频教学时间：1 小时 9 分钟

> 烦琐、大量的数据容易使观众产生疲倦感和排斥感，可以通过各种图表和图形，将这些数据以最直观的形式展示给观众，让观众快速地明白这些数据之间的关联以及更深层的含义，为抉择提供依据。

【学习目标】

通过本章的学习，可以设计报告型 PPT 的方法。

【本章涉及知识点】

制作电脑销售报告 PPT

制作服装市场研究报告 PPT

制作投标书 PPT

制作食品营养报告 PPT

11.1 电脑销售报告PPT

 本节视频教学时间：4分钟

销售报告PPT就是要将数据以直观的图表形式展示出来，以便观众能够快速地了解到数据信息，所以在此类PPT中，适合应用图表十分关键。如果在图表中再配以动画形式，更能给人耳目一新的感觉。

11.1.1 设计幻灯片母版

除了首页和结束页外，其他幻灯片都以蓝天白云为背景，并在标题中应用动画效果。此形式可以在母版中进行统一设计，操作步骤如下。

1 启动PPT 2016

启动PowerPoint 2016，设置【幻灯片大小】为"标准（4:3）"，单击【视图】选项卡【母版视图】组中的【幻灯片母版】按钮，切换到幻灯片母版视图，并在左侧列表中单击第1张幻灯片。

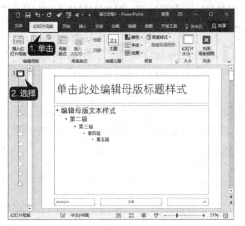

2 设置背景格式

单击【幻灯片母版】选项卡【背景】组右下角的按钮，在弹出的【设置背景格式】对话框中选择【填充】选项➤【图片或纹理填充】单选按钮。

3 单击【文件】按钮

单击【文件】按钮，在弹出的【插入图片】对话框中选择"素材\ch11\蓝天.jpg"为幻灯片母版的背景。

4 单击【插入】选项卡

单击【插入】选项卡➤【插图】➤【形状】，在幻灯片上绘制1个矩形框，并单击【格式】选项卡➤【形状样式】➤【形状填充】➤【渐变】➤【线性对角-左上到右下】。

5 设置形状轮廓

重复步骤4，在创建一个渐变色矩形，并设置【形状轮廓】为浅蓝色，然后选中两个矩形，单击鼠标右键，在弹出的快捷菜单上选择【组合】➤【组合】。

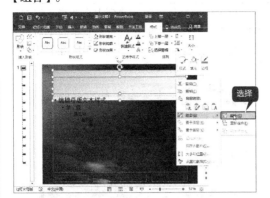

6 添加动画效果

给组合的矩形框添加【劈裂】动画效果，并将【开始】模式设置为【与上一动画同时】。

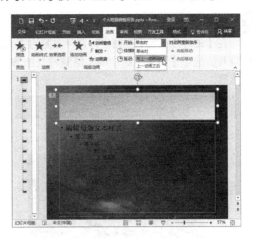

7 选择组合后的矩形

选择组合后的矩形，单击【格式】➤【排列】➤【下移一层】。

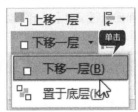

8 设置标题框

将创建的矩形下移一层后，设置标题框内容的字体为"华文隶书"，字号为"48"。为标题内容应用【淡出】动画效果，【开始】模式为【上一动画之后】。

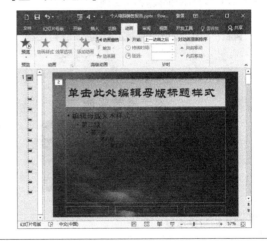

9 保存演示文稿

单击快速访问工具栏中的【保存】按钮，将演示文稿保存为"个人电脑销售报告.pptx"。

11.1.2 设计首页和报告概要幻灯片

设计首页和报告概要幻灯片的操作步骤如下。

1 隐藏背景图形

在【幻灯片母版】视图中，选择左侧的第2张幻灯片，选中【背景】组中的【隐藏背景图形】复选框。

2 设置背景

单击【幻灯片母版】选项卡【背景】组右下角的 按钮，在弹出的【设置背景格式】对话框中为此幻灯片设置背景为"素材\ch11\电脑销售报告首页.jpg"，如下图所示。

3 添加标题

单击【关闭母版视图】按钮，切换到普通视图，并在首页添加标题和副标题。

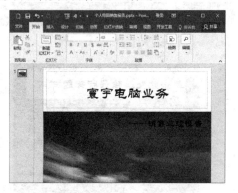

4 设置【开始】模式

为标题和副标题添加【淡出】动画效果，设置【开始】模式为"与上一动画同时"。

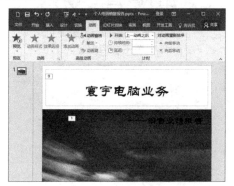

5 输入标题文本框

新建【仅标题】幻灯片，在标题文本框中输入"报告概要"。

6 单击【形状】按钮

单击【插入】选项卡下【插图】组中的【形状】按钮，选择圆形和直线按钮，分别绘制1个圆形和1条直线。

7 选中直线

选中直线，然后单击【格式】选项卡，单击的【形状样式】组右下角的 按钮，在弹出的【设置形状格式】对话框中将直线的轮廓颜色设置为【白色】，宽度设置为1.5磅，线型设置为【方点】。

8 设置字体和颜色

将圆图形填充为"白色"，在白色圆形和直线上方分别插入1个文本框，并分别输入"1"和"业绩综述"，并设置字体和颜色如下图所示。

9 绘制其他图形

按照上面的操作，绘制其他图形，并依次添加文字，最终效果如下图所示。

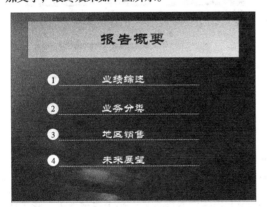

提示

先将圆、直线和文字进行组合，然后将组合后的图形文字进行复制粘贴，最后对复制粘贴的图形文字进行修改即可。

10 设置【效果选项】

分别给四组组合图形添加【擦除】动画效果，并设置【效果选项】为"自左侧"，设置【开始】模式为"上一动画之后"。

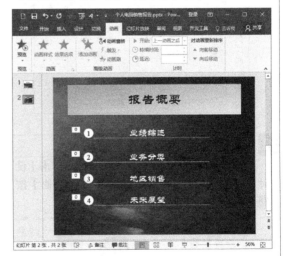

11.1.3 设计业绩综述幻灯片

设计业绩综述幻灯片的操作步骤如下。

1　新建幻灯片

新建1张【标题和内容】幻灯片，并输入标题"业绩综述"。

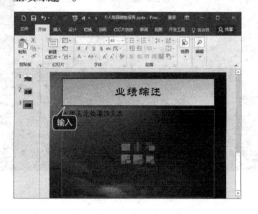

2　插入图表

单击内容文本框中的图表按钮 ▓▓，在弹出的【插入图表】对话框中选择【三维簇状柱形图】选项，单击【确定】按钮。

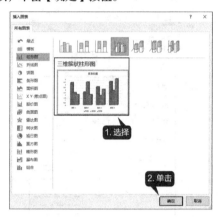

3　修改输入

在打开的Excel工作簿中修改输入如下图所示。

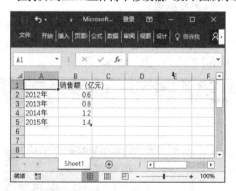

4　关闭 Excel 工作簿

关闭Excel工作簿，在幻灯片中即可插入相应的图表。

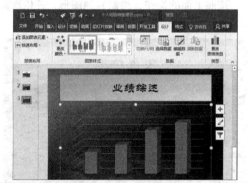

5　设计图表样式

选中刚创建的SmartArt图表，然后单击【设计】选项卡下【图表样式】组中的【其他】按钮，选择【样式6】选项。

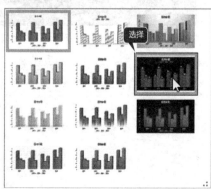

6　设置填充颜色

双击SmartArt图表，在弹出的【设置图表区格式】栏将填充颜色设置为【无填充】，将【边框】设置为【无线条】，如下图所示。

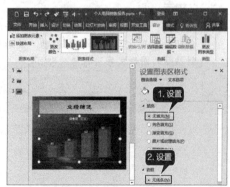

7 绘制箭头形状

绘制一个箭头形状，填充为"红色渐变色"。

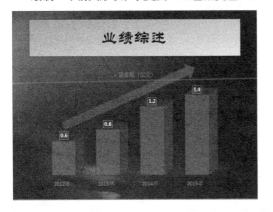

8 右键单击箭头图形

右键单击箭头图形，选择【编辑顶点】选项，调整各个顶点，如下图所示。

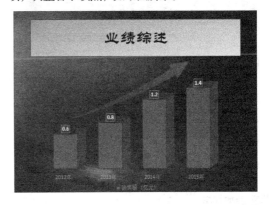

9 选择图表

选择图表，为其添加【擦除】动画效果，设置【效果选项】为"自底部"，设置【开始】模式为【与上一动画同时】，设置【持续时间】为"1.5"秒。选择红色箭头，为其应用【擦除】动画效果，设置【效果选项】为"自左侧"，设置【开始】模式为"与上一动画同时"，设置【持续时间】为"1.5"秒。

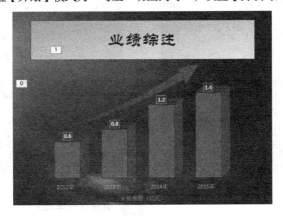

11.1.4 设计业务类型幻灯片

设计业务种类幻灯片的操作步骤如下。

1 输入标题

新建1张【仅标题】幻灯片，并输入标题"业务类型"。

2 选择长方体图标

单击【插入】▶【插图】▶【形状】，在基本形状中选择长方体图标，绘制1个长方体。

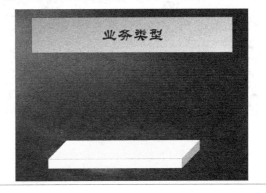

3 绘制长方体

按照上面的方法，分别绘制其他3个长方体形状。

提示

可以选择第一长方体，然后通过复制、粘贴绘制后面的三个长方体，并对长方体的大小、颜色进行修改。

4 添加文字

在立方体的正面和上面添加文字，如下图所示。

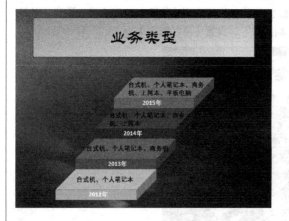

5 使用直线工具

使用直线工具，在立方体的左侧绘制直线和带箭头的直线，并调整位置组合为如下图形。

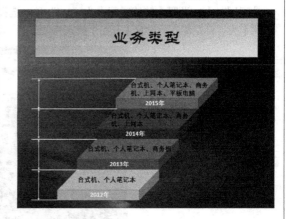

6 输入说明文字

在带箭头直线的右侧插入文本框，并输入说明文字。

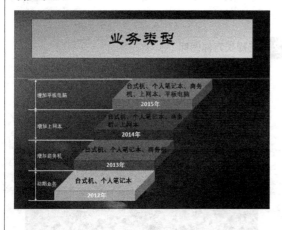

7 组合立方体及文字

将各个立方体及文字组合，并将左侧的直线和文字组合。

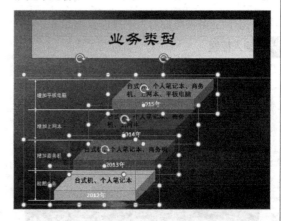

8 设置【开始】模式

选择 "2012年" 立方体组合，为其应用【浮入】动画效果，设置【效果选项】为 "上浮"，设置【开始】模式为 "与上一动画同时"。

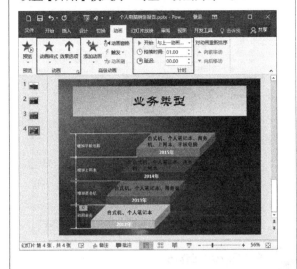

9 选择其他立方体组合

选择其他立方体组合，为其应用【浮入】动画效果，设置【效果选项】为【上浮】，设置【开始】模式为 "与上一动画同时"，【延迟】时间分别设置为 "1.0秒" "2.0秒" 和 "3.0秒"。

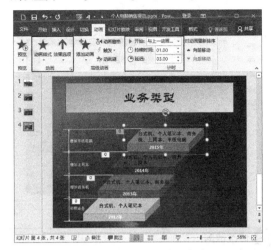

10 设置效果选项

选择左侧直线及文字组合图形，为其应用【擦除】动画效果，设置【效果选项】为 "自底部"，设置【开始】模式为 "上一动画之后"，设置【持续时间】为 "5.0" 秒。

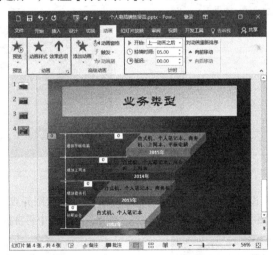

11.1.5 设计销售组成和地区销售幻灯片

设计销售组成幻灯片和地区销售幻灯片的具体操作步骤如下。

第1步：设计销售组成幻灯片

1 新建幻灯片

新建1张【标题和内容】幻灯片，并输入标题"销售组成"。

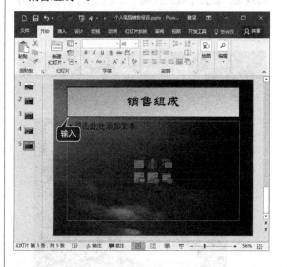

2 选择三维饼图

单击内容文本框中的图表按钮，在弹出的【插入图表】对话框中选择【饼图】➤【三维饼图】选项，单击【确定】按钮。

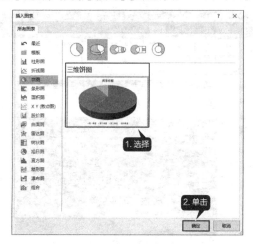

3 修改数据

在打开的Excel工作簿中修改数据，如下图所示。

4 关闭 Excel 工作簿

关闭Excel工作簿，幻灯片中即可插入相应的图表。

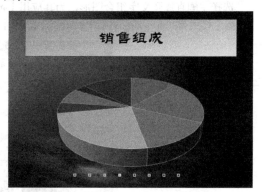

5 选择样式

选择图表，然后单击【设计】➤【图表样式】，选择样式9，结果如下图所示。

6 选择饼状图

选择饼状图并双击，在弹出的【设置数据系列格式】窗格中将饼状分离程度设置为10%。

7 选择图表

选择图表，为其添加【缩放】动画效果，并设置【开始】模式为"上一动画之后"。

第2步：设计地区销售幻灯片

1 新建幻灯片

新建1张【标题和内容】幻灯片，并输入标题"各地区销售额"。

2 插入图表

单击内容文本框中的图表按钮，在弹出的【插入图表】对话框中选择【条形图】➤【三维簇状条形图】选项，单击【确定】按钮。

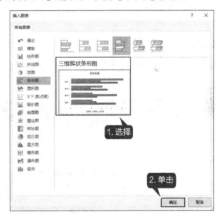

3 修改输入

在Excel工作簿中修改输入如下。

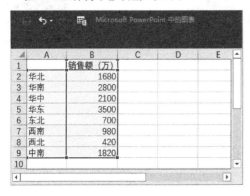

4 关闭工作簿

关闭Excel工作簿，幻灯片中即可插入相应的图表。

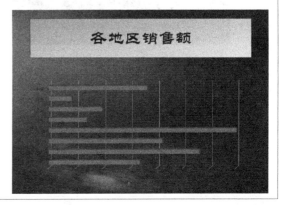

5 选择样式

选择图表，然后单击【设计】➤【图表样式】，选择样式6，结果如下图所示。

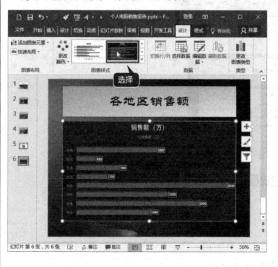

6 选择图表

选择图表，为其添加【擦除】动画效果，并设置【效果选项】为【自左侧】，设置【开始】模式为"上一动画之后"，持续时间1.5秒。

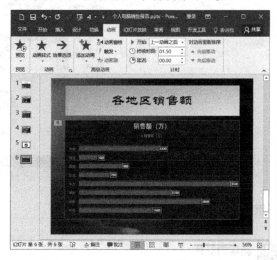

11.1.6 设计未来展望和结束页幻灯片

设计未来展望幻灯片和结束页幻灯片的操作步骤如下。

1 输入标题

新建1张【仅标题】幻灯片，并输入标题"未来展望"。

2 设置圆角矩形

绘制1个圆角矩形框和向上的箭头，并设置圆角矩形的【形状填充】为"白色"。

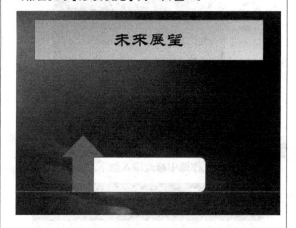

3 选择向上箭头

选择向上箭头，单击【格式】选项卡➤【形状样式】组的右下角箭头 □，在弹出的【设置形状格式】窗格中对箭头进行如下设置。

4 添加文字

在图形中添加文字，如下图所示。

5 选中矩形框和箭头

选中矩形框和箭头进行复制，复制后对箭头的填充色和文字进行修改，结果如下图所示。

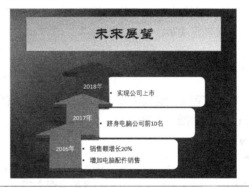

6 选择所有图形

选择所有图形，并组合为1个图形，为其添加【擦除】动画效果，并设置【效果选项】为"自底部"，设置【开始】模式为"上一动画之后"，设置【持续时间】为"2.0"秒。

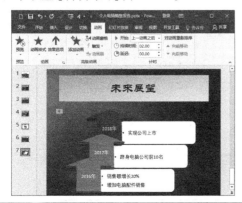

7 新建幻灯片

新建1张【仅标题】幻灯片，并输入"谢谢观看！"。

8 制作完成

至此，个人电脑销售报告PPT制作完成，还可以为幻灯片的切换应用合适的效果，此处不再赘述。

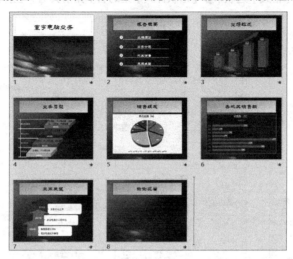

11.2 服装市场研究报告PPT

本节视频教学时间：23分钟

本实例是将服装市场的研究结果以PPT的形式展示出来，以供管理人员观看、商议，并针对当前的市场制定决策。

11.2.1 设计幻灯片母版

除了首页和结束页外，其他幻灯片的背景由3种不同颜色的形状和动态的标题框组成，设计幻灯片母版的具体操作步骤如下。

1 单击视图

启动PowerPoint 2016，进入PowerPoint工作界面。单击【视图】选项卡【母版视图】组中的【幻灯片母版】按钮，切换到幻灯片母版视图，并在左侧列表中单击第1张幻灯片。

2 设置幻灯片大小

设置【幻灯片大小】为"标准（4:3）"，然后绘制1个矩形框并单击右键，在弹出的快捷菜单中选择【编辑顶点】选项，调整下方的两个顶点，最终效果如图所示。

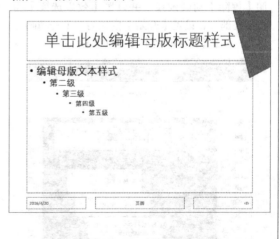

3 绘制并调整图形

按照此方法绘制并调整另外两个图形，如图所示。

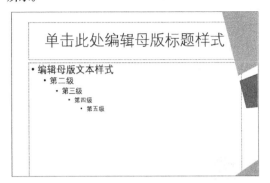

4 单击【插入】按钮

单击【插入】选项卡【图像】组中的【图片】按钮，在弹出的【插入图片】对话框中选择"素材\ch11\服装市场研究报告图标.png"，单击【插入】按钮，将"图标"插入到幻灯片中。

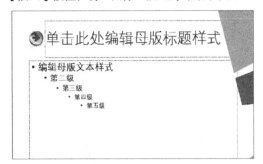

5 选择标题框

选择标题框，单击【格式】选项卡【形状样式】组右下角的，在弹出的【设置形状格式】窗中对标题的填充和效果进行设置，如下图所示。

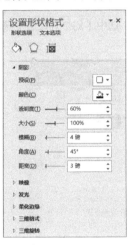

6 调整标题框

对标题框进行调整，并设置文字字体为"华文隶书"、字号为"36"，结果如下图所示。

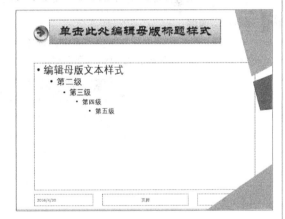

7 添加动画效果

为图标添加【淡出】动画效果，设置【开始】模式为"与上一动画同时"，为标题框添加【擦除】动画效果，设置【效果选项】为"自左侧"，设置【开始】模式为"上一动画之后"，两个动画的持续时间都设置为1秒。

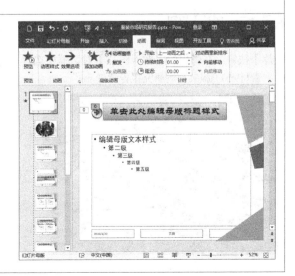

8　保存演示文稿

单击快速访问工具栏中的【保存】按钮，将演示文稿保存为"服装市场研究报告.pptx"。

11.2.2　设计首页和报告概述幻灯片

设计首页和报告概述幻灯片的具体操作步骤如下。

1　隐藏背景图形

在幻灯片母版视图中，在左侧列表中选择第2张幻灯片，选中【幻灯片母版】选项卡的【背景】组中的【隐藏背景图形】复选框，并删除标题文本框。

2　单击【图片】按钮

单击【插入】选项卡【图像】组中的【图片】按钮，在弹出的【插入图片】对话框中选择"素材\ch11\服装市场研究报告背景.jpg"。

3　选中图片

选中图片，然后单击【格式】选项卡【图片样式】组图片样式的按钮，在弹出的列表中选择"柔化边缘椭圆"。

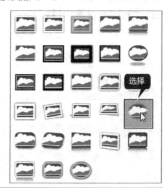

4 返回普通视图

单击【幻灯片母版】选项卡中的【关闭母版视图按钮】按钮，返回普通视图。

5 设置标题框

添加标题和副标题文字，并设置标题框为"无填充""无边框"，字体颜色为"白色"。

6 新建幻灯片

新建1张"标题和内容"幻灯片，并输入标题"报告概述"。

7 选择列表

单击SmartArt图标 ，在弹出的列表中选择"垂直图片重点列表"。

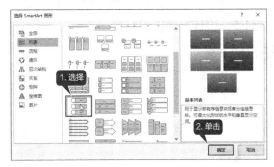

8 单击【确定】按钮

单击【确定】按钮，插入SmartArt图表后如下图所示。

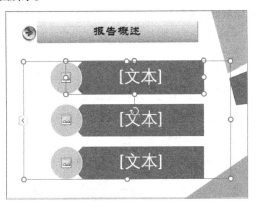

9 插入图片

选中文本框和图片进行复制粘贴操作，然后单击图片标识，在弹出的【插入图片】对话框中选择"素材\ch11\T恤.png"，最后在文本框中输入相应的文字并对字体进行相应设置。

10 单击设计

选择SmartArt表，然后单击【设计】选项卡，单击"更改颜色"下拉按钮，在弹出的下拉列表中选择"彩色范围—个性色3至4"。然后单击"SmartArt样式"组的下拉按钮▾，在弹出的下拉列表中选择"砖块场景"。

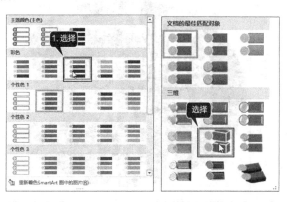
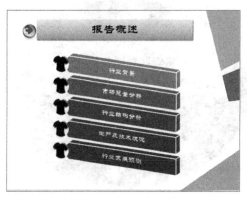

11.2.3 设计服装行业背景幻灯片

设计产业链幻灯片、属性特征幻灯片、上下游概况幻灯片等行业背景幻灯片的具体操作步骤如下。

第1步：设计产业链幻灯片

1 输入标题	2 绘制矩形框
新建1张幻灯片，并输入标题"服装行业背景：产业链"。	使用矩形工具绘制10个矩形框，按照下图进行组合，并添加文字。

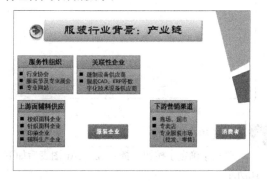

3 插入椭圆	4 绘制流向图形
插入3个椭圆，并添加文字。	按照下图绘制箭头和产业链的流向图形，如下图所示。

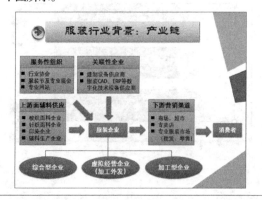

5 输入文字

单击【插入】选项卡【插图】组中形状下拉按钮，选择"线性标注2"，并输入文字，结果如下图所示。

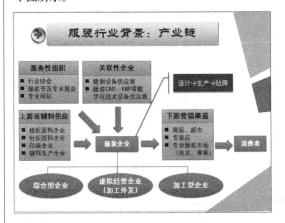

6 设置【开始】模式

从左至右给矩形框和椭圆添加【淡出】动画效果，设置【开始】模式为"上一动画之后"。

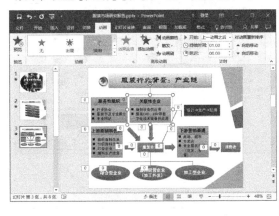

7 设置【效果选项】

从左至右为箭头添加【擦除】动画效果，设置【效果选项】为"自顶部"，设置【开始】模式为"上一动画之后"。最后给"线性标注"添加【淡出】动画效果，设置【开始】模式为"上一动画之后"。

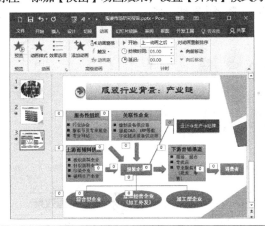

第2步：设计属性特征幻灯片

1 输入标题

新建1张"标题和内容"幻灯片，并输入标题"服装行业背景：属性特征"。

2 选择【循环】列表

单击 按钮，在弹出的【选择SmartArt图形】对话框中选择【循环】列表中的【基本射线图】。

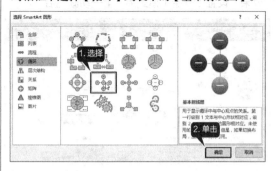

3 单击【确定】按钮

单击【确定】按钮，插入SmartArt图形后如下图所示。

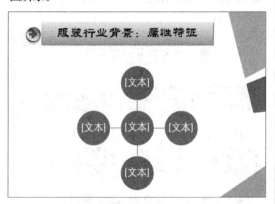

4 创建图形

选中4个二级文本框，然后按【Ctrl+C】组合键，在空白处按【Ctrl+V】组合键进行粘贴，然后单击SmartArt图形左侧的 按钮，在弹出的输入文字文本框中选中相应的文本框，然后单击【设计】选项卡【创建图形】组的【降级】按钮，将复制的文本降级。

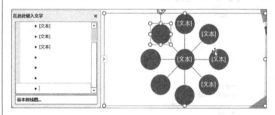

5 设置形状格式

重复步骤4，再复制两个二级文本，然后选中中间的一级文本，单击【格式】选项卡【形状样式】组右下角的 ，在弹出的【设置形状格式】窗口将文本框的高度和宽度都设置为3.5厘米。

6 输入相应文字

在文本框中输入相应的文字，如下图所示。

7 添加动画效果

选中SmartArt图形，并添加【缩放】动画效果，设置消失点的【效果选项】为"对象中心"，序列为【逐个级别】，设置【开始】模式为"上一动画之后"，持续时间为1秒。

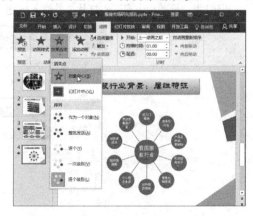

8 更改样式

单击【设计】选项卡，在【SmartArt样式】组中将颜色更改为【彩色—个性色】，将样式更改为【砖块场景】。

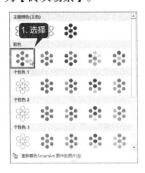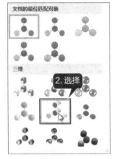

9 更改效果

SmartArt图形的颜色和样式更改后如下图所示。

第3步：设计上下游概况幻灯片

1 输入标题

新建1张"标题和内容"幻灯片，输入标题"服装行业背景：上下游概况"。

2 选择列表

单击 按钮，在弹出的【选择SmartArt图形】对话框中选择【列表】中的【垂直V形列表】。

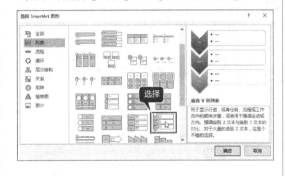

3 输入相应的文字

插入SmartArt图形后输入相应的文字，如下图所示。

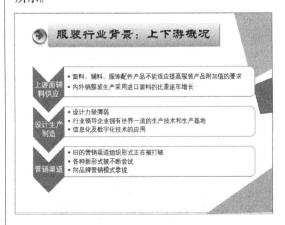

4 设置方向

选中SmartArt图形，并添加【擦除】动画效果，设置方向的【效果选项】为"自顶部"，序列为【逐个】，设置【开始】模式为"上一动画之后"，持续时间为1秒。

5 更改颜色

单击【设计】选项卡，在【SmartArt样式】组中将颜色更改为【彩色范围—个性色5至6】。

11.2.4 设计市场总量分析幻灯片

设计市场总量分析幻灯片的具体操作步骤如下。

1 新建幻灯片

新建1张"标题和内容"幻灯片，并输入标题"市场总量分析"。

2 插入图表

单击内容文本框中的图表按钮，在弹出的【插入图表】对话框中选择【三维簇状柱形图】选项，单击【确定】按钮。

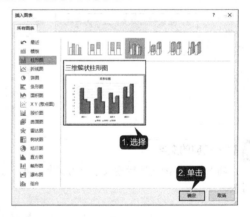

3 打开工作簿

在打开的Excel工作簿中修改数据，如下图所示。

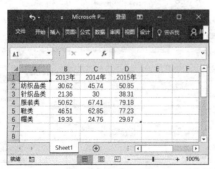

4 输入图表标题

关闭Excel工作簿，幻灯片中即可插入相应的图表，并输入图表标题"商品销售额（亿元）"。

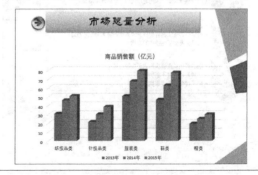

5 选中图表

选中图表，并添加【浮入】动画效果，设置方向的【效果选项】为"上浮"，序列为【按系列】，设置【开始】模式为"上一动画之后"，持续时间为1秒。

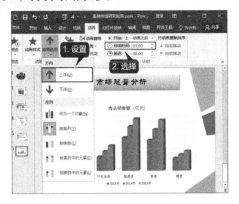

11.2.5 设计竞争力分析和结束页幻灯片

设计竞争力分析幻灯片和结束页幻灯片的具体操作步骤如下。

1 输入标题

新建1张"标题和内容"幻灯片，输入标题"国际竞争力"。

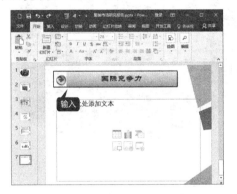

2 选择图形

单击 按钮，在弹出的【选择SmartArt图形】对话框中选择【垂直重点列表】。

3 输入文字

插入SmartArt图形后输入相应的文字，如下图所示。

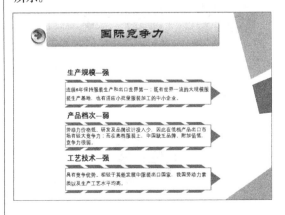

4 设置方向

选中SmartArt图形，并添加【随机线条】动画效果，设置方向的【效果选项】为"水平"，序列为【逐个】，设置【开始】模式为"上一动画之后"，持续时间为2秒。

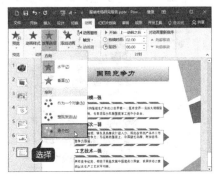

5 更改颜色

单击【设计】选项卡，在【SmartArt样式】组中将颜色更改为【彩色—个性色】。

6 创建完成

竞争力幻灯片创建完成后如下图所示。

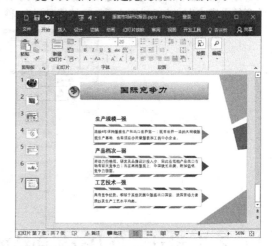

7 新建幻灯片

新建1张【标题幻灯片】，如下图所示。

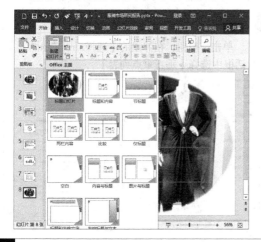

8 插入文本框

插入1个文本框，并输入"谢谢观看！"。

9 应用【轮子】动画效果

为标题应用【轮子】动画效果，设置轮辐图案【效果选项】为"轮辐图案（2）"，序列为【作为一个对象】，设置【开始】模式为"上一动画之后"，持续时间为2秒。

10 设计完成

至此，服装市场研究报告PPT设计完成，读者可按【F5】键进行浏览和观看。

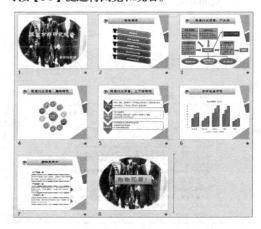

11.3 制作投标书PPT

 本节视频教学时间：4分钟

投标书是公司在充分领会招标文件内容，并在进行现场实地考察和调查的基础上，按照招标书的条件和要求所编制的文书。投标书中不但要提出具体的标价及有关事项，还要满足招 标公告提出的要求。

11.3.1 创建首页幻灯片

创建首页幻灯片的具体操作步骤如下。

1 选择【视差】选项

在打开的 PowerPoint 2016，单击【设计】选项卡【主题】选项组中的【其他】按钮，在弹出的下拉列表中选择【视差】选项。

2 插入艺术字

删除【单击此处添加标题】文本框，单击【插入】选项卡【文本】选项组中的【艺术字】按钮，在弹出的下拉列表中选择"填充-黑色，文本1，阴影"选项。

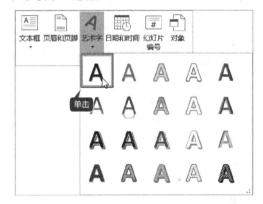

3 输入文本

在插入的艺术字文本框中输入"××建筑机械有限公司投标书"文本，并设置其【字号】为"40"，【字体】为"华文楷体"，对字体加粗后拖曳到合适的位置。

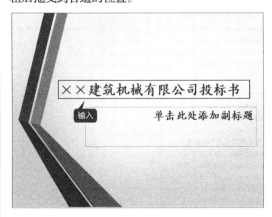

4 设置字体

单击【单击此处添加副标题】文本框，输入"——关于××履带式挖掘机项目"文本，设置其【字体】为"华文楷体"，【字号】为"32"，对字体加粗后拖曳到合适的位置。

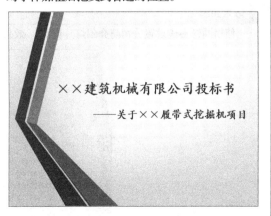

5 插入文本框

【插入】一个文本框，并在文本框中输入"编号：008 号"，设置西文字体为"The New Roman"，中文字体为"华文楷体"，字号为24，对字体加粗后拖曳到合适的位置。

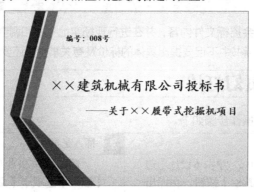

11.3.2 创建投标书和公司简介幻灯片

创建投标书和公司简介幻灯片的具体操作步骤如下。

1 添加标题

新建一张【标题和内容】幻灯片，单击【单击此处添加标题】文本框，输入"投标书"文本，设置其【字体】为"华文楷体"，【字号】为"40"，并拖曳文本框至合适的位置。

2 添加文本

单击【单击此处添加文本】文本框，输入文本，然后设置其文本样式，如图所示，并拖曳文本框至合适的位置。

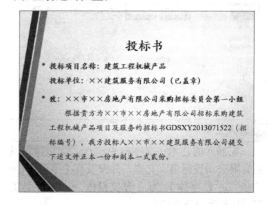

3 效果如图

使用同样方法设置公司简介幻灯片页面，效果如下图所示。

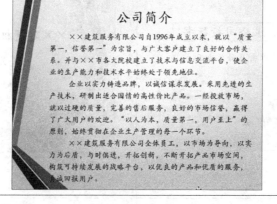

11.3.3 创建产品规格幻灯片页面

创建产品规格幻灯片页面的具体操作步骤如下。

1 新建空白幻灯片

新建一张空白幻灯片，单击【插入】选项卡下【表格】选项组中的【表格】按钮，在弹出的下拉列表中选择【插入表格】选项。

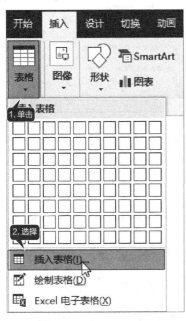

2 插入表格

在弹出的【插入表格】对话框中分别设置其行和列为"14、2"，单击【确定】按钮即可插入表格。

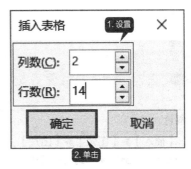

3 选择表格

选择表格，在【设计】选项卡下【表格样式】选项组中单击按钮，在弹出的下拉列表中选择【中度样式 2- 强调 2】选项。

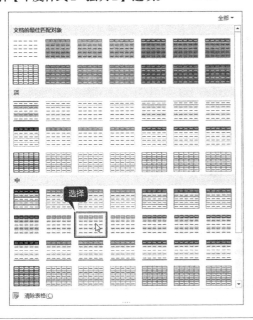

4 选择第 1 行表格

选择第 1 行表格，单击【布局】选项卡下【合并】选项组中的【合并单元格】按钮，即可合并第一行。

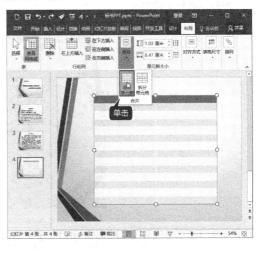

5 合并其他单元格

使用同样方法合并其他单元格。

6 调整单元格

在单元格中输入如下图所示内容，设置其样式并调整单元格的行高和列宽。

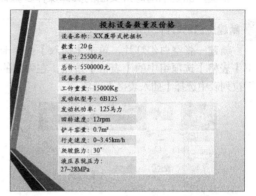

7 插入图片

单击【插入】▶【图像】▶【图片】，将随书附带的"挖掘机"图片插入到幻灯片中。

8 选中图片

选中图片，单击【格式】选项卡下【图片样式】选项组中的【棱台透视】选项。

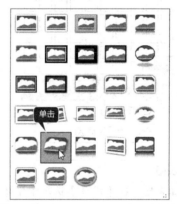

9 最后效果图

最后效果如下图所示。

11.3.4 创建投标企业资格报告幻灯片

投标企业资格报告共有三项内容，即制造厂家资格声明、投标设备报告和保修服务，这三项分三张幻灯片来创建，具体操作步骤如下。

1 输入标题内容

新建一张空白幻灯片，插入一个文本框作为幻灯片的标题，并输入标题内容"投标企业资格报告"。

2 创建一个文本框

重复步骤1，创建一个文本框，并输入相应的文本内容。

3 插入文本框

重复步骤1插入文本框并输入文字内容。

4 单击【表格】按钮

单击【插入】选项卡下【表格】选项组中的【表格】按钮，插入一个4行4列的表格，然后选择表格，在【设计】选项卡下【表格样式】选项组中单击按钮，在弹出的下拉列表中选择【主题样式1-强调3】选项。

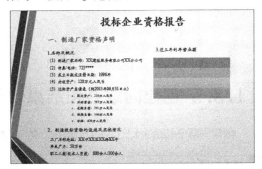

5 选择表格

选择表格，在【设计】选项卡下【表格样式】选项组中单击边框下拉按钮，选择【所有边框】。

6 调整单元格

在单元格中输入下图所示内容，设置其样式并调整单元格的行高和列宽。

7 继续添加文本框

重复步骤1，继续添加文本框，并输入相应的内容。

8 重复上述步骤

重复上述步骤，创建"投标设备报告"幻灯片，结果如下图所示。

9 创建幻灯片

重复上述步骤，创建"保修服务"幻灯片，结果如下图所示。

11.3.5 创建同意书和结束幻灯片

创建同意书和结束幻灯片的方法和步骤与前面创建幻灯片的步骤和操作相同，具体操作步骤如下。

1 输入标题

新建一张幻灯片，并输入标题和相应的内容。

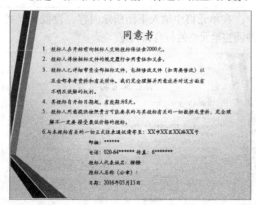

2 新建一空白幻灯片

新建一个空白幻灯片，创建一个文本框，并输入"谢谢"，并设置【字体】为"华文行楷"，【字号】为"120"。

3 选择文本框

选择文本框，然后单击【格式】▶【艺术字样式】▶【文本效果】，在弹出的下拉菜单中选择【发光】▶【酸橙色，5 pt 发光，个性色2】选项。

4 单击格式

单击【格式】▶【艺术字样式】▶【文本效果】，在弹出的下拉菜单中选择【三维旋转】▶【平行】▶【离轴2左】。

5 最终效果

幻灯片完成后最终效果如下图所示。

6 完成文稿制作

至此，就完成了标书PPT演示文稿的制作，最后只需要根据需求设置切换和动画效果即可。

11.4 食品营养报告PPT

本节视频教学时间：38分钟

食品的营养取决于食品中营养素的含量。在本PPT中通过图形、文字、表格及图表直观、形象地展示了食品营养的相关知识。

11.4.1 设计幻灯片母版

除了首页和结束页幻灯片，其他幻灯片均使用含有食品图片的标题框和渐变色背景，可在母版中进行统一设计。

1 设置幻灯片大小

启动PowerPoint 2016，进入PowerPoint工作界面，单击【设计】选项卡下【自定义】组中【幻灯片大小】按钮的下拉按钮，选择【标准（4:3）】选项，设置【幻灯片大小】为"标准（4:3）"。

2 切换到幻灯片母版视图

单击【视图】选项卡下【母版视图】组中的【幻灯片母版】按钮，切换到幻灯片母版视图，并在左侧列表中单击第1张幻灯片。

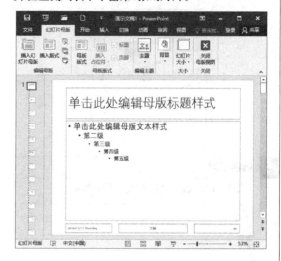

3 编辑主题

单击【幻灯片母版】选项卡【编辑主题】组中的【颜色】按钮，在弹出的下拉列表中选择【黄橙色】选项。

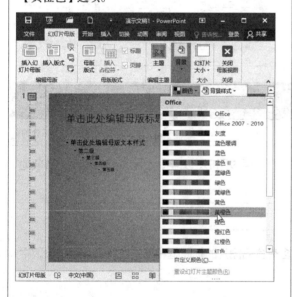

4 设置背景格式

单击【幻灯片母版】选项卡【背景】组右侧的 按钮，弹出【设置背景格式】窗格。

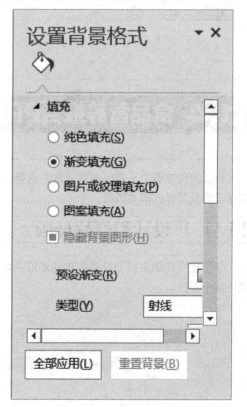

5 设置填充

设置填充为【渐变填充】样式，设置【方向】为"从中心"。

6 单击【关闭】按钮

单击窗格中的【关闭】按钮，母版中所有的幻灯片即可应用此样式。

7 绘制一个矩形框

绘制一个矩形框，宽度和幻灯片的宽度一致，并设置【形状填充】的【主题颜色】为"褐色，个性色2，淡色80%"，设置【形状轮廓】为"无轮廓"。然后调整标题文本框的大小和位置，并设置文本框内文字的字体为"微软雅黑"，字号为"32"，如下图所示。

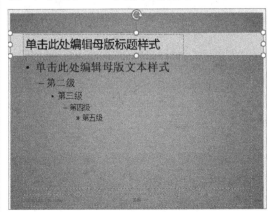

8 单击【插入】按钮

单击【插入】选项卡【图像】组中的【图片】按钮，在弹出的【插入图片】对话框中浏览到"素材\ch11"文件夹，选择"图片1.png""图片2.png"和"图片3.png"，单击【插入】按钮，将图片插入到母版中。

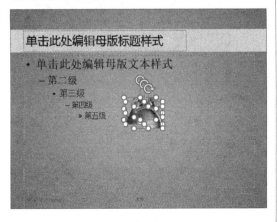

9 调整图片位置

调整图片的位置，如下图所示进行排列。

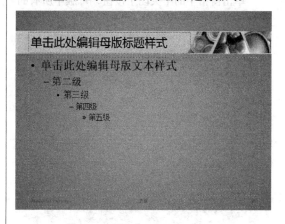

10 关闭母版视图

单击【关闭母版视图】按钮，再单击快速工具栏中的█按钮，在弹出的【另存为】对话框中浏览到要保存演示文稿的位置，并在【文件名】文本框中输入"食品营养报告"，并单击【保存】按钮。

11.4.2　设计首页效果

设计首页幻灯片的具体操作步骤如下。

1 切换到母版视图

单击【视图】选项卡【母版视图】组中的【幻灯片母版】按钮，切换到母版视图。

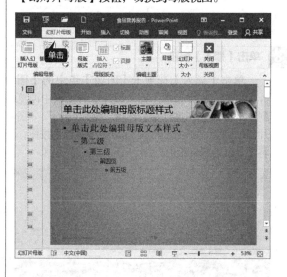

2 隐藏背景图形

在左侧列表中选择第2张幻灯片，选中【背景】组中的【隐藏背景图形】复选框，以隐藏母版中添加的图形。

3 单击【文件】按钮

在右侧的幻灯片上右键单击，在弹出的快捷菜单中选择【设置背景格式】选项，在弹出窗格的【填充】区域中选中【图片或纹理填充】单选按钮，并单击【文件】按钮。

4 插入图片

在弹出的【插入图片】对话框中浏览到"素材\ch11\营养报告背景.jpg"文件，单击【插入】按钮。

5 设置背景格式

单击【设置背景格式】窗格中的【关闭】按钮，插入的图片就会作为幻灯片的背景。

6 插入文件

单击【插入】选项卡【图像】组中的【图片】按钮，再次插入"素材\ch11\营养报告背景.jpg"文件。

7 选择插入图片

选择插入的图片，选择【图片工具】▶【格式】选项卡，单击【大小】组中的【裁剪】按钮，裁剪图片如下图所示。

8 设置艺术效果

选择裁剪后的图片，单击【调整】组中的【艺术效果】按钮，在弹出的列表中选择【艺术效果选项】，在弹出的窗格中设置【艺术效果】为"虚化"，设置【半径】为"36"，单击【关闭】按钮。

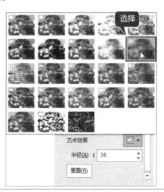

9 返回普通视图

单击【幻灯片母版】选项卡中的【关闭母版视图】按钮，返回普通视图，设置的首页如下图所示。

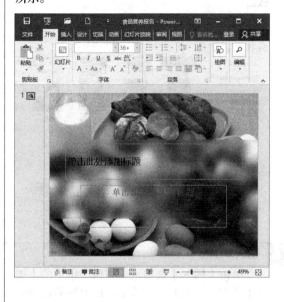

10 输入标题

在幻灯片上输入标题"食品与营养"和副标题"——中国食品营养调查报告"，并设置字体、颜色、字号和艺术字样式，最终效果如下图所示。

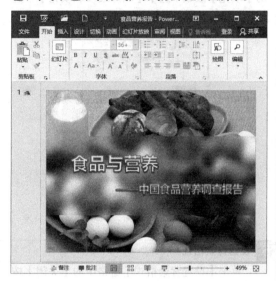

11.4.3 设计食品分类幻灯片

设计食品分类幻灯片的具体操作步骤如下。

第1步：绘制图形

1 新建幻灯片

新建一张幻灯片，在标题文本框中输入"食品来源分类"，并删除下方的内容文本框。

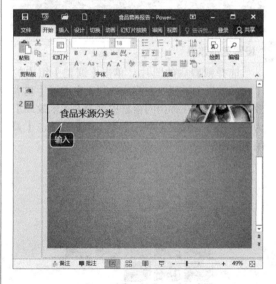

2 应用形状样式

在幻灯片上使用形状工具绘制一个椭圆，并应用【形状样式】组中的【细微效果–橙色，强调颜色6】样式。

3 绘制椭圆

在椭圆的上方再绘制一个椭圆，应用【形状样式】区域中的橙色样式，再设置椭圆的三维格式，参数如下图所示。

4 最终效果

设置完成后最终效果如下图所示。

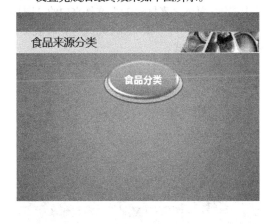

5 绘制箭头

使用形状工具绘制一个左方向箭头，并填充为红色渐变色，如下图所示。

6 选择箭头

选择箭头并右键单击，在弹出的快捷菜单中选择【编辑顶点】选项，箭头周围会出现6个小黑点，选择右下角的黑点并右键单击，在弹出的快捷菜单中选择【删除顶点】选项。

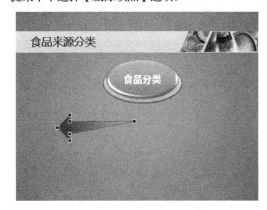

7 调整箭头

调整箭头处和尾部的顶点，调整为如下图形。

8 按照步骤操作

按照上面的操作步骤，绘制下方向箭头和右方向箭头。

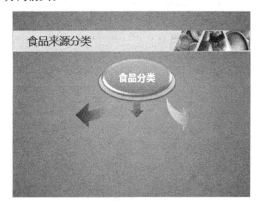

9　插入图片

单击【插入】选项卡【图像】组中的【图片】按钮，插入"素材\ch11"文件夹中的"图片4.jpg""图片5.jpg"和"图片6.jpg"，调整大小并排列为如下形式。

第2步：添加动画

1　选择【食品分类】形状

按住【Ctrl】键选择【食品分类】的两个椭圆形状并右键单击，在弹出的快捷菜单中选择【组合】▶【组合】选项，将图形组合在一起。

10　绘制圆角矩形

绘制3个圆角矩形，并设置【形状填充】为"白色"、【形状轮廓】为"浅绿"，然后右键单击形状，选择【编辑文字】选项，输入相应的文字，如下图所示。

2　组合图形

使用同样的方法，将3个箭头组合在一起，将3张图片和3个圆角矩形组合在一起，如下图所示。

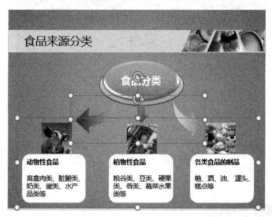

3　单击【动画样式】按钮

选择【食品分类】组合，单击【动画】选项卡【动画】组中的【动画样式】按钮，在下拉列表中选择【淡出】选项，并在【计时】组的【开始】下拉列表中选择【与上一动画同时】选项。

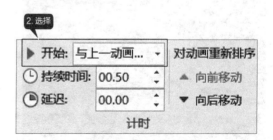

4 选择【自顶部】选项

选择箭头组合图形，在【动画样式】下拉列表中选择【擦除】效果，单击【效果选项】按钮，选择【自顶部】选项，并在【计时】组的【开始】下拉列表中选择【上一动画之后】选项。

5 最终效果

选择下方的组合，应用【擦除】动画效果，设置方法和箭头动画一致，最终效果如图所示。

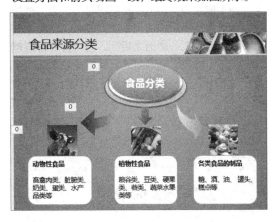

11.4.4 设计文字描述幻灯片

设计"食物营养价值的评定"和"评价食物营养价值指标"幻灯片的具体操作步骤如下。

1 新建幻灯片

新建一张幻灯片，在标题文本框中输入"食物营养价值的评定"。

2 输入文字

在内容文本框中输入以下文字。

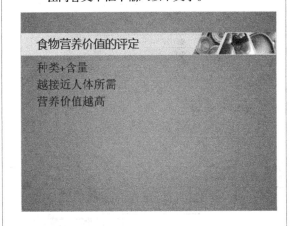

3 设置字体

设置字体为"微软雅黑"、字号为"52"，并设置"种类"文本【字体颜色】为"红色"、"含量"文本【字体颜色】为"蓝色"，并设置为"加粗"样式。

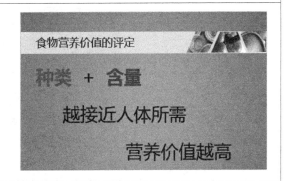

4 应用缩放

为"种类+含量"应用【劈裂】动画效果，设置【效果选项】为"中央向左右展开"，设置【开始】模式为"与上一动画同时"。为"越接近人体所需"应用【淡出】动画效果，设置【开始】模式为"上一动画之后"。为"营养价值越高"应用【缩放】动画效果，设置【效果选项】为"对象中心"，设置【开始】模式为"上一动画之后"。

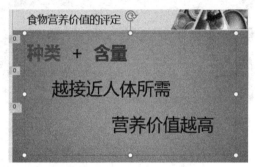

5 设置开始模式

选中"营养价值越高"，单击【动画】选项卡【高级动画】组中的【添加动画】按钮，在下拉列表中选择【强调】区域的【跷跷板】选项，并设置【开始】模式为"上一动画之后"。

6 输入标题

新建一张幻灯片，并在标题文本框中输入"评价食品营养价值指标"。

7 输入内容

在内容文本框中输入以下内容，并设置"食物营养质量指数"字体为"微软雅黑"，字号为"36"，颜色为"红色"。

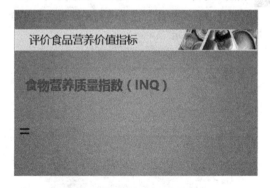

8 添加文本框

添加两个文本框和一条直线，并输入以下内容。

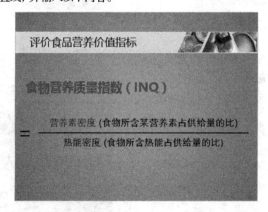

9 应用动画效果

为"食物营养质量指标"和"="应用【淡出】动画效果，为横线和上下的文本框应用【擦除】动画效果，并设置【效果选项】为"自左侧"，设置所有动画的【开始】模式为"上一动画之后"。

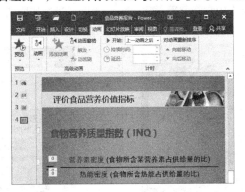

11.4.5 设计表格和图文幻灯片

设计食物中营养素含量表格和图文描述幻灯片的步骤如下。

1 新建幻灯片

新建一张【仅标题】幻灯片，并在标题文本框中输入"几种食物中营养素的INQ值"。

2 插入表格

单击【插入】选项卡【表格】组中的【表格】按钮，在下拉列表中选择【插入表格】选项，在弹出的对话框中输入【列数】为"6"，【行数】为"8"，单击【确定】按钮，插入表格，并在表格中输入内容。

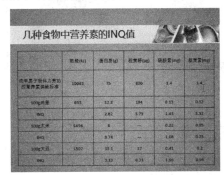

3 选择表格

选择表格，选择【表格工具】▶【设计】选项卡，应用一种【表格样式】组中的样式，对表格进行美化。然后选择第3、5和7行，并填充底纹为"褐色，个性色3，淡色40%"。

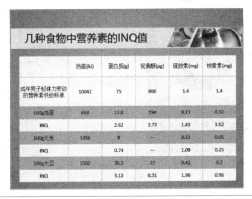

4 设置形状轮廓

使用形状工具绘制一个椭圆，并设置【形状轮廓】为"红色"，设置【形状填充】为"无填充颜色"。使用椭圆标注出表格中食物营养素含量比较高的数值。

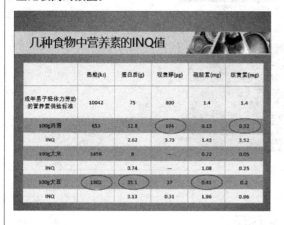

5 设置标题字号

新建一张幻灯片，输入标题"水果的营养价值——香蕉"和内容，并设置字体为"微软雅黑"，设置标题的字号为"32"、内容的字号为"20"，如下图所示。

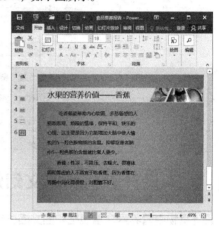

6 单击搜索

单击【插入】选项卡【图像】组中的【联机图片】按钮，在弹出的搜索框中输入"香蕉"，单击【搜索】按钮，然后选择要插入的图片，如下图所示。

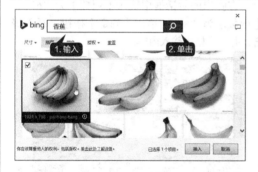

提示

在使用联机搜索图片时，需要计算机连接到互联网。

7 单击插入

单击【插入】按钮，将选中的图片插入到幻灯片后如下图所示。

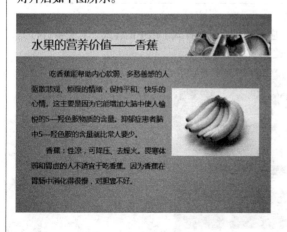

8 选中图片

选中图片，然后单击【格式】选项卡下的【调整】组的【删除背景】选项，PowerPoint自动添加一个【删除背景】选项卡，单击【标记要删除的区域】按钮，拖动句柄选择要删除的区域，如下图所示。

9 保留更改

选定删除的区域后单击【保留更改】，结果如下图所示。

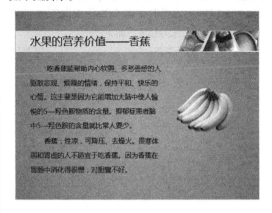

10 调整大小

新建一张幻灯片，输入标题和内容，并按照第6张幻灯片设置字体和字号。然后重复步骤 6~9，插入一张"葡萄"图片，调整大小和位置，如下图所示。

11.4.6 设计图表和结束页幻灯片

设计图表幻灯片和结束页幻灯片的操作步骤如下。

1 输入标题

新建一张【标题和内容】幻灯片，并输入标题"白领吃水果习惯调查"。

2 插入图表

单击内容文本框中的图表按钮，在弹出的【插入图表】对话框中选择【饼图】➤【三维饼图】选项，单击【确定】按钮。

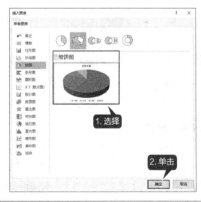

3 修改数据

在打开的Excel工作簿中修改数据如下。

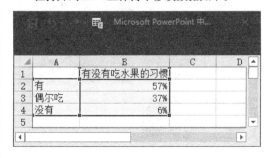

4 修改图表

保存并关闭Excel工作簿，即可在幻灯片中插入图表，并修改图表如下图所示。

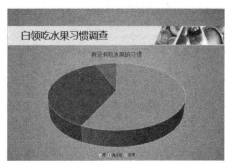

5 选择图表

选择图表，然后单击【设计】➤【图表样式】，选择样式9，结果如下图所示。

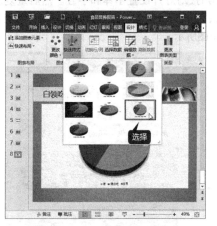

6 选择饼状图

选择57%的饼状图并双击，在弹出的【设置数据系列格式】窗格中将饼状【点爆炸型】设置为5%。然后在选择其他两个饼状图并双击，将【点爆炸型】设置为15%，如下图所示。

7 饼图创建完成

饼图创建完成后结果如下图所示。

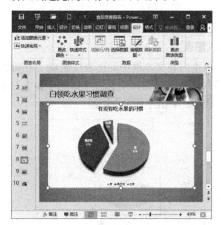

8 新建幻灯片

参照步骤1~6，新建一张幻灯片，如下图所示。

9 设置开始模式

为第8张幻灯片中的图表应用【轮子】动画效果，为第9张幻灯片中的图表应用【形状】动画效果，均设置【开始】模式为"与上一动画同时"。

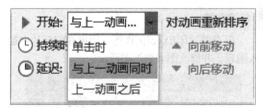

10 制作完成

新建一张【标题】幻灯片，并输入"谢谢观看！"，设置一种艺术字格式，并应用【淡出】动画效果，制作完成的食品营养报告PPT效果如下图所示。

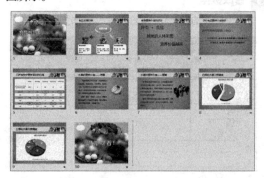

第 12 章

吸引别人的眼球
——展示型 PPT 实战

本章视频教学时间：1 小时 29 分钟

PPT 是传达信息的载体，同时也是展示个性的平台。在 PPT 中，你的创意可以通过内容或图片来展示，你的心情可以通过配色来表达。尽情发挥你的创意，你也可以做出令人惊叹的绚丽 PPT。

【学习目标】

通过本章的学习，可以掌握制作展示型 PPT 的方法。

【本章涉及知识点】

设计个人简历 PPT
制作公司形象宣传 PPT
制作中国茶文化幻灯片 PPT
制作花语集幻灯片

12.1 设计个人简历PPT

 本节视频教学时间：37分钟

一份独特的个人简历能够快速吸引招聘人员的注意，使之加深对应聘者的好感和印象。本实例就来制作一份独具创意的个人简历PPT。

12.1.1 设计简历模板和母版

本PPT采用修改后的PowerPoint 2016主题，并使用黑色渐变色作为背景，以衬托和突出显示幻灯片中的内容。母版的设计步骤如下。

1 单击【设计】选项卡

启动PowerPoint 2016，进入PowerPoint工作界面，设置【幻灯片大小】为"标准（4∶3）"，单击【设计】选项卡【主题】组中的【其他】按钮，在弹出的下拉菜单中选择【石板】选项。

2 选择颜色

单击【设计】选项卡【变体】组中的【其他】按钮，在弹出的下拉菜单中选择【颜色】▶【灰度】选项。

3 选择字体

单击【设计】选项卡【变体】组中的【其他】按钮，在弹出的下拉菜单中选择【字体】▶【自定义字体】选项，在弹出的【新建主题文字】对话框中将西文字体都设置为"Times New Roman"格式，将中文字体都设置为"宋体"。

4 预设渐变

单击【设计】选项卡【自定义】组中的【设置背景】按钮，在弹出的【设置背景格式】窗口选择【渐变填充】，并单击【预设渐变】下拉按钮，在弹出的下拉列表中选择【径向渐变–个性色6】。

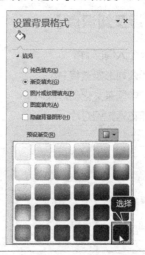

5 设置完成

设置完成后如下图所示。

6 单击【保存】按钮

单击快速工具栏中的【保存】按钮，在弹出的【另存为】对话框中浏览到要保存演示文稿的位置，并在【文件名】文本框中输入"个人简历"，单击【保存】按钮。

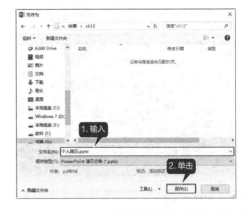

12.1.2 设计首页效果

将个人简历制作成PPT形式，目的就是为了不和其他简历雷同，所以首页更要体现出独特的创意和特色。设计首页效果的具体操作步骤如下。

第1步：添加图片

1 删除标题框

删除首页幻灯片的标题框。

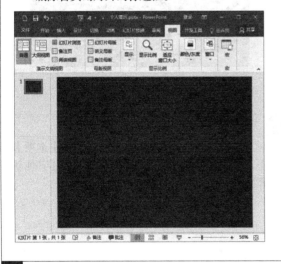

2 选择图片

单击【插入】选项卡【图像】组中的【图片】按钮，在弹出的【插入图片】对话框中浏览到"素材\ch12\个人简历"文件夹，按住【Ctrl】键选择"扫描仪.gif""条形码.jpg""显示器.png"和"照片.jpg"。

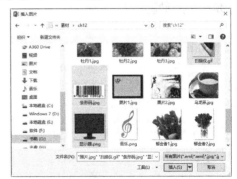

3 插入图片

单击【插入】按钮即可将图片插入到幻灯片中。

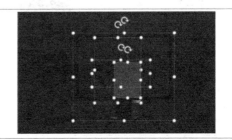

4 调整图片

按照下图所示调整各个图片的大小和位置，选择"照片"和"扫描议"并单击鼠标右键，在弹出的快捷菜单中选择【置于顶层】➤【置于顶层】，将"照片"和"扫描仪"图片移至最上层。

6 插入横排文本框

插入一个横排文本框，输入"特别推荐"，设置字体和边框的样式，如图所示。

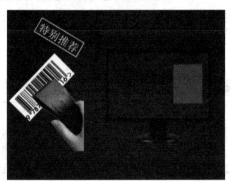

5 选择"条形码"

选择"条形码"图片，将鼠标指针移至上方的绿色小圆点处，单击并拖动，逆时针方向旋转"条形码"图片，如图所示。

7 设置字体

再添加一个横排文本框，输入个人的资料及联系方式，并设置字体为"华文楷体"，颜色为"白色"，并将其移至"显示器"图片的上方。

第2步：添加动画

1 添加动画效果

选择"特别推荐"文本框，给其添加【出现】动画效果，并设置【开始】时间为【与上一动画同时】，【延迟】时间为"0.5"秒。

2 选择"扫描仪"

选择"扫描仪"图片，单击【动画】选项卡下其他按钮，在弹出的下拉列表中选择【其他动作路径】选项。

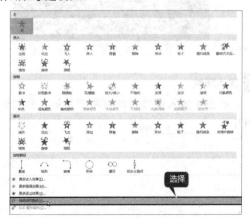

3 添加动作路径

在弹出的【更多动作路径】对话框中选择【直线和曲线】类别中的"向左"。

4 单击并拖动小圆点

添加动作路径后会出现一条路径线，单击并拖动红色端处的小圆点到合适的位置，如下图所示。

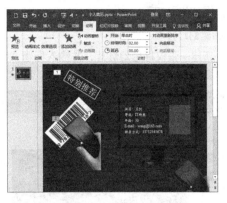

5 设置动画开始时间

单击【动画】选项卡下【效果选项】下拉列表，在弹出的下拉列表中选择【反转路径方向】，设置动画开始时间为【与上一动画同时】，并设置持续时间为2秒。

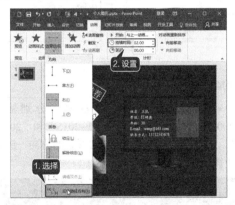

6 选择照片

选择照片，添加【擦除】动画效果，单击【效果选项】按钮，在下拉列表中选择【自顶部】选项，并设置【开始】形式为"上一动画之后"，"持续时间"设置为1秒。

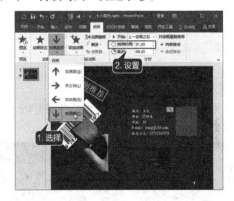

7 选择个人资料

选择个人资料文本框，添加【随机线条】动画效果。单击【效果选项】按钮，在下拉列表中选择【按段落】选项，并设置【开始】形式为"上一动画之后"，"持续时间"为0.5秒。

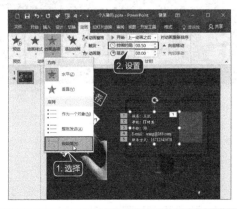

8 设计完毕

至此，首页图片及动画设计完毕，效果如下图所示。

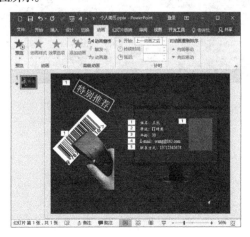

12.1.3 设计工作经历幻灯片

对工作经历可以使用流程图形的形式直观展示出来，使阅读者一目了然。设计工作经历幻灯片的具体操作步骤如下。

1 新建幻灯片

新建一张仅标题幻灯片，并输入标题"我的工作经历"。

2 绘制1个矩形

使用形状工具绘制1个矩形，然后选中绘制的矩形，单击鼠标右键，在弹出的快捷菜单中选择【设置形状格式】，设置渐变填充样式为渐变色填充，并选择合适的颜色，然后再根据下图所示设置三维格式和三维旋转样式。

3 重复步骤2

重复步骤2，再绘制3个矩形，并调整4个形状的大小和位置，如下图所示。

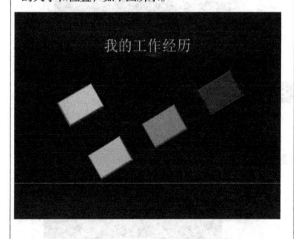

4 添加文本框

在形状的上方添加文本框，分别输入"2008""2008~2011""2011~2015"和"2015~今"，并旋转文本框，使其与形状的方向一致，如下图所示。

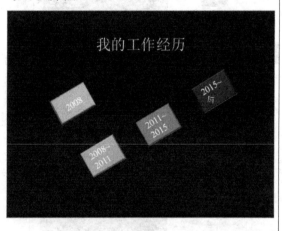

5 设置线型

在形状之间绘制直线，并设置线型的宽度为"3"磅，短划线类型为"圆点"样式。

6 添加直线

添加直线后如下图所示。

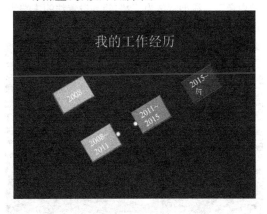

7 输入文字

在4个形状的下方分别添加4个文本框，输入工作经历的说明文字，如下图所示。

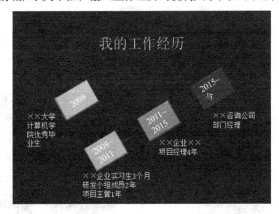

12.1.4 设计擅长领域幻灯片

本幻灯片通过图形突出显示出所擅长的领域及说明。具体操作步骤如下。

1 新建幻灯片

新建一张仅标题幻灯片，并输入标题"我的擅长领域"。

2 绘制 7 个小圆形

绘制7个小圆形，并设置各个圆形的填充颜色、大小及位置等。

3 设置线条

在圆形之间绘制弧形线，设置线条颜色为"白色"、线型宽度为"2"磅，设置线的末端为箭头形状。

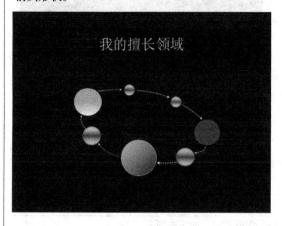

4 编辑文字

分别在3个大圆形上右键单击，选择【编辑文字】命令，分别输入"IT专业技能""设计"和"管理"等文字。

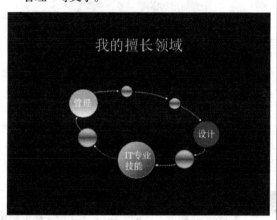

5 选择形状

单击【插入】选项卡【插图】组中的【形状】按钮，在下拉列表中选择【标注】区域中的【线型标注2（带强调线）】选项，并在幻灯片中绘制形状。

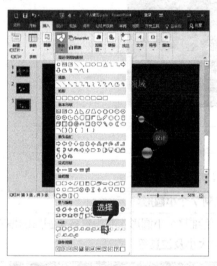

6 设置标注图形

设置标注图形的【形状填充】为"无填充颜色"，设置【形状轮廓】颜色为"白色"，并输入描述文字。

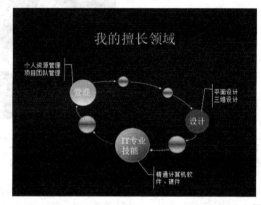

12.1.5 设计我的爱好幻灯片

我的爱好幻灯片通过不同颜色的形状及图片来展示。设计我的爱好幻灯片页面的具体操作步骤如下。

1 新建幻灯片

新建一张仅标题幻灯片，并输入标题"我的爱好"。

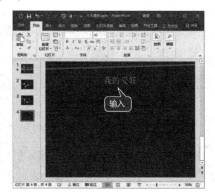

2 绘制圆角矩形框

使用形状工具绘制一个圆角矩形框，并设置渐变填充，如下图所示。

3 再绘制一个圆角矩形

再绘制一个圆角矩形，设置【形状填充】为"橙色"，并在【形状效果】下拉列表中选择【预设】区域中的第2个样式。

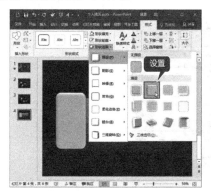

4 设置样式

按照上面的操作，绘制另外两个圆角矩形，分别填充为【红色】和【绿色】，并设置样式。

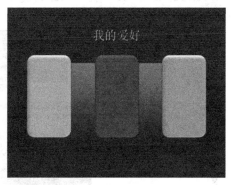

5 选择样式

在左侧的圆角矩形上方绘制一个椭圆，并在【形状效果】下拉列表中选择【预设】区域中的第3个样式，最终效果如下图所示。

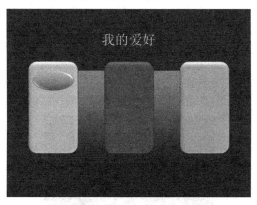

6 移动位置

选择上一步绘制的椭圆，按【Ctrl+C】组合键复制，按【Ctrl+V】组合键粘贴两次，并移动位置至另两个圆角矩形上方。

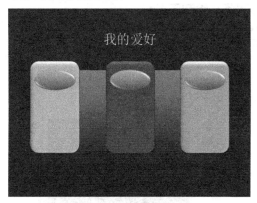

7 编辑文字

在左侧的椭圆上右键单击，在弹出的快捷菜单中选择【编辑文字】命令，在文本框中输入"交际"文本，并设置【加粗】样式。

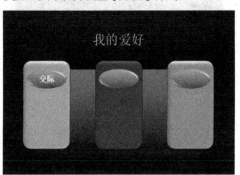

8 输入文本

同样，在另外两个椭圆形中分别输入"运动"和"音乐"文本。

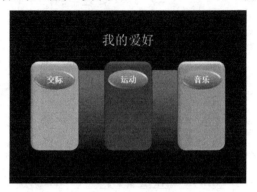

9 单击插入

单击【插入】选项卡【图像】组中的【图片】按钮，在弹出的【插入图片】对话框中浏览到"素材\ch12"文件夹，插入"交际.jpg""运动.png"和"音乐.png"图片，调整图片的大小和位置，最终效果如下图所示。

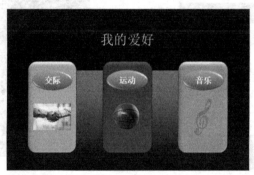

12.1.6 设计俄罗斯方块游戏幻灯片

设计俄罗斯方块游戏的动画的目的是，强调并展示出"我可能不是最耀眼的，但我相信我是最合适的！"这个主题。具体操作步骤如下。

第1步：绘制图形

1 新建幻灯片

新建一张空白幻灯片。

2 绘制游戏边框

绘制游戏边框。使用形状工具绘制一个矩形框，并设置【形状轮廓】中的【主题颜色】为"黄色"，选择【粗细】为"3磅"的线宽。

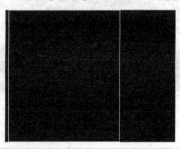

3 绘制正方形框

使用形状工具绘制一个正方形框，并连续复制粘贴3次，然后调整各个方框的位置，将4个方框组合为1个图形后如下图所示。

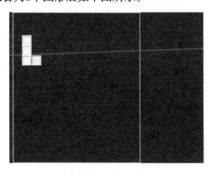

4 设置样式和位置

按上面的操作绘制其他图形，并分别设置样式和位置，如下图所示。

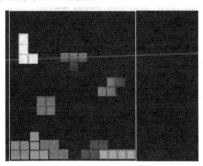

5 添加文字

添加文字。分别在左侧和右侧添加文本框，并输入"Win!"和"我可能不是最耀眼的 但我相信我是最合适的！"，并设置字体的颜色为"白色"，如下图所示。

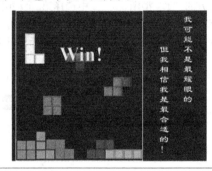

第2步：添加动画效果

1 添加动画

设置灰色"T"型图形动作路径。选择"T"型图形，单击【动画】选项卡【高级动画】组中的【添加动画】按钮，在弹出的下拉列表中选择【其他动作路径】选项，弹出【添加动作路径】对话框。

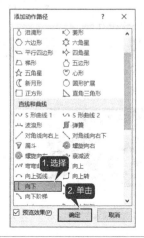

2 选择【直线和曲线】区域

选择【直线和曲线】区域中的【向下】选项，并单击【确定】按钮，在"T"型图形下方会出现路径线。

3 单击小白点

单击红色端的小白点，并向下拖动至幻灯片的下方。

4 单击【动画窗格】按钮

单击【高级动画】组中的【动画窗格】按钮，在右侧的动画窗格中单击此动画后的下拉按钮，在下拉列表中选择【从上一项开始】选项。

5 组合图形

将下方的所有图形进行组合，然后按住【Ctrl】键选择组合后的图形和上方的"T"型图形，单击【动画】选项卡【高级动画】组中【添加动画】按钮，在下拉列表中选择【更多强调效果】选项，在弹出的【更改强调效果】对话框中选择【闪烁】选项。

6 选择【计时】命令

单击【动画窗格】按钮，在右侧的动画窗格中选择第2个动画并单击右侧下拉按钮，在弹出的快捷菜单中选择【计时】命令，弹出【闪烁】对话框。选择【计时】选项卡，在【开始】下拉列表中选择【上一动画之后】选项，设置【重复】为"3"，单击【确定】按钮。

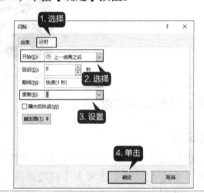

7 设置动画窗格

设置动画窗格中第3个动画的【开始】模式为"与上一动画同时"，设置【重复】为"3"，单击【确定】按钮。

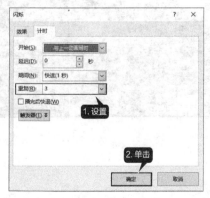

8 选择文本框

选择"Win!"文本框，在【动画样式】中选择【缩放】动画，并在动画窗格中设置开始模式为"从上一项之后开始"。

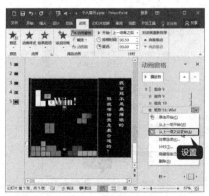

9 设置【计时】参数	10 设置左列文字
选择右侧的两列文字，分别添加【淡出】动画效果，并设置最右列文字的【计时】参数如下图所示， 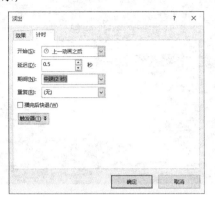	设置左列"但我相信我是最合适的！"文字的【计时】参数如下图所示。 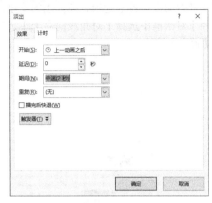

12.1.7 设计结束页幻灯片

人力资源管理者阅读完此简历后，如果要联系此人，还需要返回首页查看联系方式。为了更加方便，在结束页加入递出名片的动画效果，再次展示联系方式。具体操作步骤如下。

1 新建幻灯片	2 单击【图片】按钮
新建一张"仅标题"幻灯片，并输入标题内容，如下图所示。 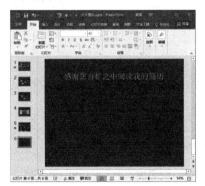	单击【插入】选项卡【图像】组中的【图片】按钮，在弹出的【插入图片】对话框中浏览到"素材\ch12\名片.gif"图片。 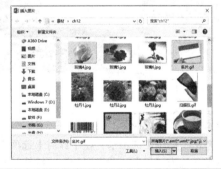

3 将图片插入幻灯片中	4 绘制两个横排文本框
单击【插入】按钮，即可将图片插入到幻灯片中。 	绘制两个横排文本框，并输入姓名和联系方式，旋转文本框，使之与名片的方向一致。按住【Ctrl】键依次选中"名片"图片和两个文本框对齐进行组合，如下图所示。 

5 选择组合图形

选择组合图形，单击【动画】选项卡【高级动画】组中的【添加动画】按钮，在下拉列表中选择【其他动作路径】选项，在弹出的【添加动作路径】对话框中选择【对角线向右上】选项，单击【确定】按钮。

6 添加动画

添加"对角线向右上"动画后结果如下图所示。

7 选择红色圆点

分别选择对角线上的三个红色圆点将它们拖到另一侧，如下图所示。

8 选中组合图形

选中组合图形，单击【动画】选项卡【动画】组中的【效果选项】按钮，在下拉列表中选择【反转路径方向】选项。

9 单击【动画】选项卡

单击【动画】选项卡，在【计时】选项组中将开始设置为"与上一动画同时"，持续时间设置为2秒。

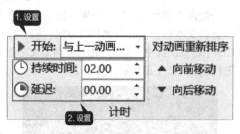

10 完成制作

至此，就完成了个人简历PPT的制作，最终效果如下图所示。

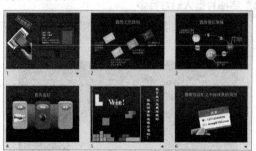

12.2 制作公司形象宣传PPT

外出进行产品宣传，只有口头的描述很难让人信服，如果拿着产品进行宣传，太大的产品携带不便，太小的物品在进行宣传时，又难以让人看清，此时幻灯片将会起着重要的作用。

12.2.1 设计产品宣传首页和公司概况幻灯片

创建产品宣传幻灯片应从片头入手，片头主要应列出宣传报告的主题和演讲人等信息。下面以制作龙马图书工作室产品宣传幻灯片为例，首先讲述宣传首页幻灯片的制作方法。

1 设置【幻灯片大小】

启动PowerPoint 2016应用软件，设置【幻灯片大小】为"标准（4：3）"，单击【设计】选项卡【主题】组中的【其他】按钮 ，在弹出的下拉菜单中选择【浏览主题】选项，在弹出的选择对话框中选择随书附带光盘中的"主题.pptx"文件。

2 单击【应用】按钮

单击【应用】按钮，结果如下图所示。

3 输入文字

在单击【单击此处添加标题】文本框中输入"龙马图书工作室产品宣传"，在【单击此处添加副标题】文本框中输入"主讲人：孔经理"。

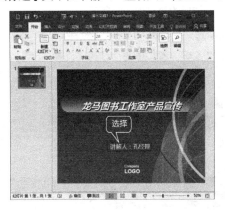

4 新建幻灯片

新建一张"标题和内容"幻灯片，并添加标题"公司概况"以及简介内容。

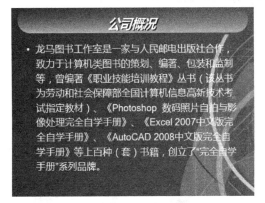

12.2.2 设计公司组织结构幻灯片

对公司状况有了大致了解后，可以继续对公司进行进一步的说明，例如介绍公司的内部组织结构等。

1 新建幻灯片

新建一张"标题和内容"幻灯片，并输入标题的名称"公司组织结构"。

2 选择【层次结构】选项

单击【插入】选项卡下【插图】组中的【SmartArt】按钮 📷，弹出【选择 SmartArt 图形】对话框，选择【层次结构】区域中的【层次结构】选项，单击【确定】按钮。

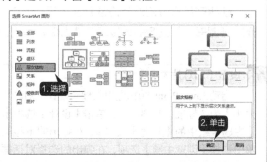

3 完成层次结构图的插入

完成层次结构图的插入，效果如下图所示。

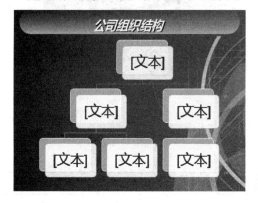

4 选中第 3 行的形状

选中第3行的所有形状，将其删除，效果如下图所示。

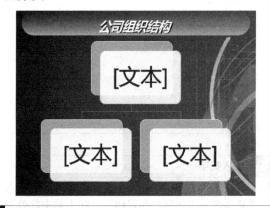

5 选择【添加形状】

右键单击第2行第2个形状，在弹出的快捷菜单中选择【添加形状】▶【在后面添加形状】命令。

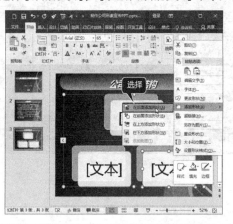

6 添加效果

添加后的效果如下图所示。

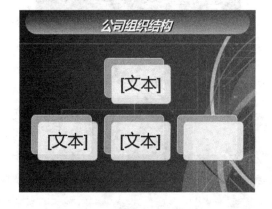

7 | 重复步骤5

重复步骤5，在第二行第二个形状下面添加三个形状，然后在层次结构图中输入相关的文本内容，最终效果如下图所示。

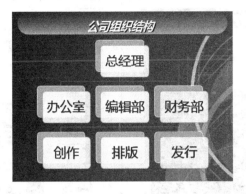

12.2.3 设计公司产品宣传展示幻灯片

对公司有了一定了解后，就要看公司的产品了，通过制作产品图册来展示公司的产品，不仅清晰而且美观。

1 | 单击【相册】按钮

单击【插入】选项卡【图像】组中的【相册】按钮，在弹出的下拉列表中选择【新建相册】选项。

2 | 【相册】对话框

弹出【相册】对话框。

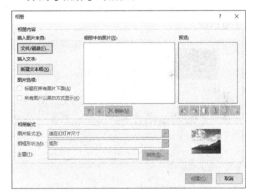

3 | 插入新图片

单击【相册】对话框中的【文件/磁盘】按钮，弹出【插入新图片】对话框，并选择创建相册所需要的图片文件。

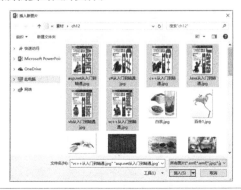

4 | 选择【图片版式】

单击【插入】按钮，返回【相册】对话框，在【相册版式】区域下选择【图片版式】为"2张图片"，之后选中【标题在所有图片下面】复选框。

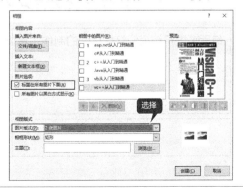

5 单击【创建】按钮

单击【创建】按钮，打开一个新的PowerPoint演示文稿，并且创建所需的相册。

6 复制幻灯片

将新创建相册演示文稿中的第2～4张幻灯片复制至公司产品宣传展示幻灯片页面中，如下图所示。

7 单击【隐藏背景图形】

选中复制后的第4～6张幻灯片，单击选中【设计】选项卡【背景】组中的【隐藏背景图形】复选框。

8 调整图片

隐藏背景图形，并对图片的大小和位置进行调整后如下图所示。

12.2.4 设计产品宣传结束幻灯片

最后来进行结束幻灯片页面的制作，具体操作步骤如下。

1　新建幻灯片

新建一张空白幻灯片。

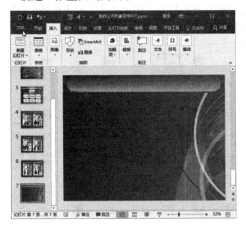

2　单击【插入】

单击【插入】选项卡【图像】组中的【图片】按钮，在弹出的【插入图片】对话框中选择随书附带的"闭幕图"。

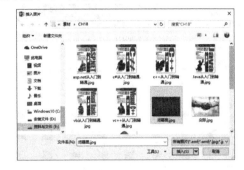

3　调整图片

单击【插入】按钮，将图片插入到幻灯片中并对插入的图片进行调整，使得插入的图片覆盖住整个背景。

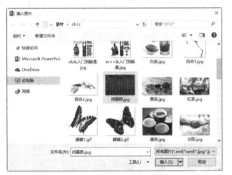

4　插入艺术字

单击【插入】选项卡【文本】组中的【艺术字】按钮，在弹出的下拉列表中选择【填充 - 白色，轮廓 - 着色2，清晰阴影 - 着色2】选项。

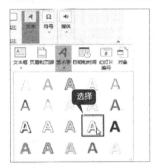

5　设置【字体】

在插入的艺术字文本框中输入"谢谢观赏"文本内容，并设置【字号】为"100"，设置【字体】为"华文行楷"，最终效果如下图所示。

12.2.5　设计产品宣传幻灯片的转换效果

本节将对做好的幻灯片的页面切换效果进行转换设置，具体操作步骤如下。

1 选择【闪光】选项

选中第一张幻灯片，单击【切换】选项卡【切换到此幻灯片】组中的【其他】按钮，在弹出的下拉列表中选择【闪光】选项。

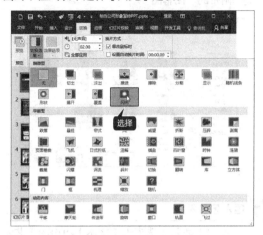

2 选择【淡出】选项

选中第二张幻灯片，单击【切换】选项卡【切换到此幻灯片】组中的【其他】按钮，在弹出的下拉列表中选择【淡出】选项。

3 选择【涟漪】选项

选中第3张幻灯片，单击【转换】选项卡【切换到此幻灯片】组中的【其他】按钮，在弹出的下拉列表中选择【涟漪】选项。

4 选择【随机线条】选项

选中第4～6张幻灯片，单击【转换】选项卡【切换到此幻灯片】组中的【其他】按钮，在弹出的下拉列表中选择【随机线条】选项。

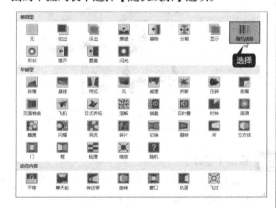

5 选择【擦除】选项

选中第7张幻灯片，单击【转换】选项卡【切换到此幻灯片】组中的【其他】按钮，在弹出的下拉列表中选择【擦除】选项。

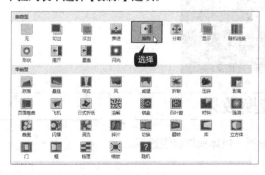

6 保存文件

将制作好的幻灯片保存为"制作公司形象宣传PPT.pptx"文件。

12.3 制作中国茶文化PPT

本节视频教学时间：19分钟

中国茶历史悠久，现在已发展成了独特的茶文化，中国人饮茶，注重一个"品"字。"品茶"不但可以鉴别茶的优劣，还可以消除疲劳、振奋精神。本节就以中国茶文化为背景，制作一份中国茶文化幻灯片。

12.3.1 设计幻灯片母版和首页

在创建茶文化PPT时，首先设计一个个性的幻灯片母版，然后再创建茶文化PPT的首页，创建幻灯片母版和首页的具体操作步骤如下。

1 设置幻灯片

启动PowerPoint 2016，新建幻灯片，设置【幻灯片大小】为"标准（4:3）"，并将其保存为"中国茶文化.pptx"的幻灯片。单击【视图】选项卡【母版视图】组中的【幻灯片母版】按钮，并在左侧列表中单击第1张幻灯片。

2 插入图片

单击【插入】选项卡下【图像】组中的【图片】按钮。在弹出的【插入图片】对话框中选择"素材\ch12\图片1.jpg"文件。

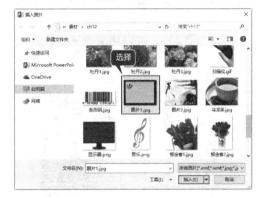

3 调整图片

单击【插入】按钮，将选择的图片插入幻灯片中，并根据需要调整图片的大小及位置。在插入的背景图片上单击鼠标右键，在弹出的快捷菜单中选择【置于底层】▶【置于底层】菜单命令，将背景图片在底层显示。

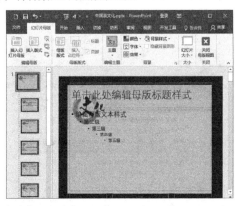

4 选择艺术字样式

选择标题框内文本，单击【格式】选项卡下【艺术字样式】组中的【快速样式】按钮，在弹出的下拉列表中选择一种艺术字样式。

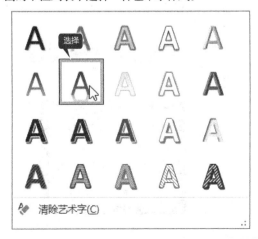

5 设置艺术字

设置艺术字的字体为"华文行楷"和字号为60。并设置【文本对齐】为"居中对齐"。

6 删除文本框

在幻灯片母版视图中，在左侧列表中选择第2张幻灯片，选中【背景】组中的【隐藏背景图形】复选框，并删除文本框。

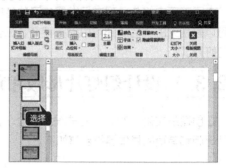

7 幻灯片中插入文件

单击【插入】选项卡下【图像】组中的【图片】按钮，将随书附带光盘中"素材\ch12\图片02.jpg"文件插入到幻灯片中，并调整图片位置的大小。

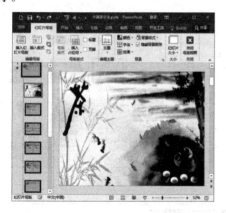

8 调整艺术字

单击【幻灯片母版】选项卡中的【关闭母版视图按钮】按钮，返回普通视图，删除副标题文本框，并在标题文本框处输入"中国茶文化"文本，调整艺术字的字号和颜色等。

12.3.2 设计茶文化简介页面和目录

1 新建幻灯片

新建【仅标题】幻灯片页面，在标题栏中输入"茶文化简介"文本。

2 打开素材

打开随书光盘中的"素材\ch12\茶文化简介.txt"文件，将其内容复制到幻灯片页面中，并调整文本框的位置、字体的字号和大小。

3 新建【标题和内容】幻灯片

新建【标题和内容】幻灯片页面。输入标题"茶品种"。

4 插入 SmartArt 图形

单击插入SmartArt图形按钮，在弹出的【选择SmartArt图形】对话框中选择【列表】中的"垂直曲形列表"。

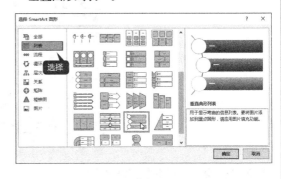

5 单击【确定】按钮

单击【确定】按钮，插入SmartArt列表后如下图所示。

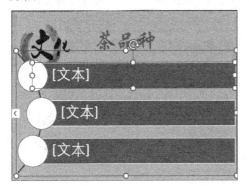

6 复制粘贴文字文本框

选中"垂直曲形列表"中的文字文本框进行复制粘贴，如下图所示。

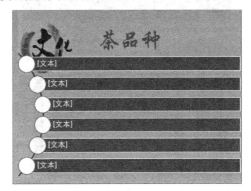

7 输入文字

在文本框中输入相应的文字并对列表的大小进行调整。

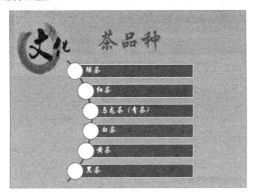

8 更改颜色

选中"垂直曲形列表"，然后单击【格式】▶【更改颜色】▶【彩色范围–个性色4至5】。

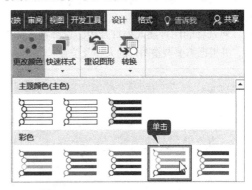

9 **如图所示**

更改颜色后效果如下图所示。

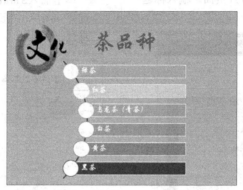

12.3.3 设计其他页面

1 **新建幻灯片**

新建【标题和内容】幻灯片页面，输入标题"绿茶"。

2 **打开素材**

打开随书光盘中的"素材\ch12\茶种类.txt"文件，将其"绿茶"下的内容复制到幻灯片页面中，适当调整文本框的位置以及字体的字号和大小。

3 **调整图片**

单击【插入】选项卡下【图像】组中的【图片】按钮。在弹出的【插入图片】对话框中选择"素材\ch12\绿茶.jpg"文件，单击【插入】按钮，将选择的图片插入幻灯片中，选择插入的图片，并根据需要调整图片的大小及位置。

4 **选择插入的图片**

选择插入的图片，单击【格式】选项卡下【图片样式】选项组中的【其他】按钮，在弹出的下拉列表中选择一种样式。

5 设置图片

根据需要在【图片样式】组中设置【图片边框】、【图片效果】及【图片版式】等。

6 重复步骤

重复步骤1~步骤5，分别设计红茶、乌龙茶、白茶、黄茶、黑茶等幻灯片页面。

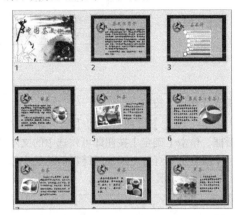

7 设置字体样式

新建【标题】幻灯片页面。插入艺术字文本框，输入"谢谢欣赏！"文本，并根据需要设置字体样式。

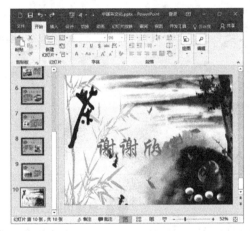

12.3.4 设置超链接

1 创建超链接文本

在第3张幻灯片中选中要创建超链接的文本"绿茶"。

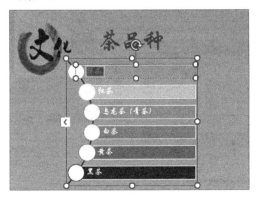

2 插入超链接

单击【插入】选项卡下【链接】选项组中的【超链接】按钮，在弹出的【插入超链接】对话框的【链接到】列表框中选择【本文档中的位置】选项，在右侧的【请选择文档中的位置】列表框中选择【幻灯片标题】下方的【4.绿茶】选项。

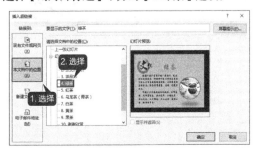

3 单击【屏幕提示】按钮

单击【屏幕提示】按钮，在弹出的【设置超链接屏幕提示】对话框中输入提示信息。

4 单击【确定】按钮

单击【确定】按钮，返回【插入超链接】对话框，单击【确定】按钮即可将选中的文本链接到【绿茶】幻灯片，添加超链接后的文本以绿色、下划线字显示。

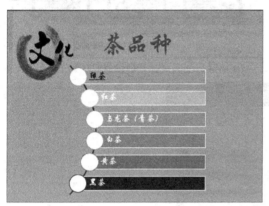

5 创建其他超链接

使用同样的方法创建其他超链接。

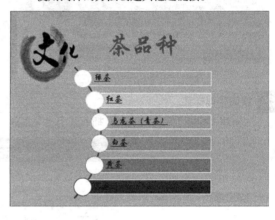

12.3.5 添加切换效果和动画效果

1 设置切换效果

选择要设置切换效果的幻灯片，这里选择第1张幻灯片。

2 选择切换效果

单击【切换】选项卡下【切换到此幻灯片】选项组中的【其他】按钮，在弹出的下拉列表中选择【华丽型】下的【翻转】切换效果，即可自动预览该效果。

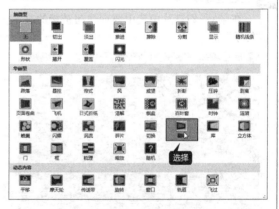

3 设置【持续时间】

在【切换】选项卡下【计时】选项组中【持续时间】微调框中设置【持续时间】为"1.5秒"。

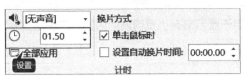

4 创建动画效果

选择第1张幻灯片中要创建进入动画效果的文字。

5 选择【浮入】选项

单击【动画】选项卡【动画】组中的【其他】按钮，弹出如下图所示的下拉列表。在【进入】区域中选择【浮入】选项，创建进入动画效果。

6 设置【开始】

添加动画效果后，单击【动画】选项组中的【效果选项】按钮，在弹出的下拉列表中选择【下浮】选项。在【动画】选项卡的【计时】选项组中设置【开始】为"与上一动画同时"，设置【持续时间】为"02.00"，延迟0.25秒。

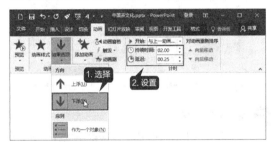

7 为其他幻灯片添加效果

参照步骤1~步骤6为其他幻灯片页面添加切换效果和动画效果。

至此，就完成了中国茶文化幻灯片的制作。

12.4 制作花语集幻灯片

本节视频教学时间：21分钟

不同的鲜花代表不同的意义，花语集类幻灯片主要用于展示富有小资情调的内容，在生活性网站及产品中有广泛的应用。

12.4.1 完善首页和结束页幻灯片

在创建花语集幻灯片前，首先对素材文件中的首页幻灯片进行完善，具体操作步骤如下。

1 打开素材

单击打开随书光盘中的"素材\ch12\花语集.pptx"文件，并选择第一张幻灯片。

2 单击【图片】按钮

单击【插入】选项卡下【图像】选项组中的【图片】按钮。

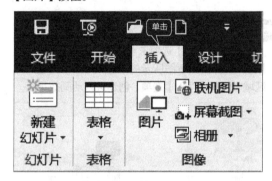

3 插入图片素材

在弹出的【插入图片】对话框中选择"素材\ch12\蝴蝶1.gif"文件，单击【插入】按钮。

4 效果如图所示

插入图片后效果如下图所示。

5 调整大小和位置

选择第二张幻灯片，单击【插入】选项卡【图像】选项组中的【图片】按钮，插入"素材\ch12\蝴蝶 2.gif"，调整大小和位置，效果如下图所示。

12.4.2 创建玫瑰花幻灯片

玫瑰花幻灯片一共有两张，一张是对玫瑰花的简介，另一张是创建玫瑰花花语幻灯片。

1. 创建玫瑰花简介

1 新建幻灯片

新建一张空白幻灯片，单击【插入】选项卡【文本】选项组中的【艺术字】按钮，在弹出的列表中选择一种艺术字。

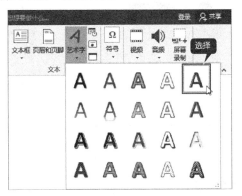

2 调整文本框

在"请在此处放置您的文字"文本框中输入"花种一：玫瑰"，并调整文本框位置。

3 插入横排文本框

插入一个横排文本框后，输入玫瑰简介，如下图所示。

4 插入文件

单击【插入】选项卡【图像】选项组中的【图片】按钮，在弹出的【插入图片】对话框中插入"素材\ch12\玫瑰1.jpg"文件。

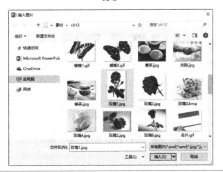

5 **调整图片**

调整图片大小和位置后，效果如图所示。

2. 创建玫瑰花花语幻灯片

1 **新建幻灯片**

新建一张空白幻灯片，单击【插入】选项卡【图像】选项组中的【图片】按钮，插入"素材\ch12\玫瑰2.jpg"文件。调整图片大小和位置后，如下图所示。

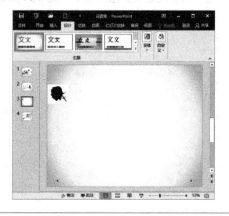

2 **绘制对角圆角矩形**

单击【插入】选项卡【插图】选项组中的【形状】下拉按钮，选择【矩形】列表中的【对角圆角矩形】选项，然后拖动鼠标绘制一个对角圆角矩形。

3 **选择一种样式**

单击【绘图工具】/【格式】选项卡中【形状样式】选项组中的【其他】按钮，在弹出的列表中单击选择一种样式。

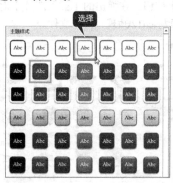

4 **编辑文字**

在插入的形状上单击鼠标右键，在弹出的快捷菜单中选择【编辑文字】菜单命令。在形状中输入文字，设置文字样式，调整形状大小和位置后，效果如图所示。

5 绘制肘形箭头连接符

单击【插入】选项卡【插图】选项组中的【形状】下拉按钮，选择【线条】列表中的【肘形箭头连接符】选项，然后拖动鼠标绘制一个肘形箭头连接符。

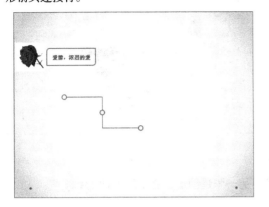

6 选择样式

单击【绘图工具】➤【格式】选项卡中【形状样式】选项组中的【其他】按钮，在弹出的列表中单击选择一种样式。

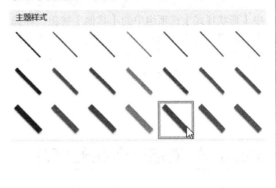

7 调整文字

在形状上输入文字，并调整文字格式、形状大小和位置后，效果如下图所示。

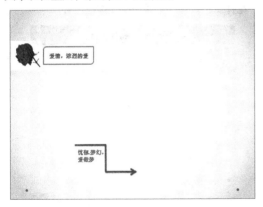

8 调整图片

单击【插入】选项卡【图像】选项组中的【图片】按钮，插入"素材\ch12\玫瑰5.jpg"文件。调整图片大小和位置后，效果如下图所示。

9 重复插入操作

重复插入操作，插入以下图片和形状，调整位置后，效果如下图所示。

10 设置形状效果

单击【插入】选项卡【插图】选项组中的【形状】下拉按钮，选择【基本形状】列表中的【心形】选项，然后拖动鼠标，在幻灯片中绘制一个心形。单击【绘图工具】▶【格式】选项卡中【形状样式】选项组中的【其他】按钮，在弹出的列表中单击选择一种样式。最后单击【形状样式】选项组中的【形状效果】下拉按钮，在弹出的列表中设置形状效果。

12.4.3 创建百合花幻灯片

百合花幻灯片一共有两张，一张是对百合花的简介，另一张是创建百合花花语幻灯片。

1. 创建百合花简介

1 新建幻灯片

新建一张空白幻灯片，单击【插入】选项卡【文本】选项组中的【艺术字】按钮，在弹出的列表中选择一种艺术字。

2 调整文本框

在"请在此处放置您的文字"文本框中输入"花种二：百合"，并调整文本框位置。

3 插入横排文本框

插入一个横排文本框后，输入百合简介，如下图所示。

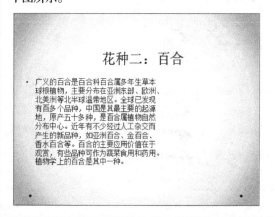

4 插入文件

单击【插入】选项卡【图像】选项组中的【图片】按钮，在弹出的【插入图片】对话框中插入"素材\ch12\百合1.jpg"文件。

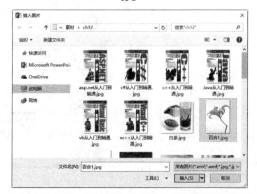

5 调整图片

调整图片大小和位置后，效果如下图所示。

2. 创建百合花花语幻灯片

1 新建幻灯片

新建一张空白幻灯片，单击【插入】选项卡【图像】选项组中的【图片】按钮，插入"素材\ch12\百合2.jpg"文件。调整图片大小和位置后，如图所示。

2 选择【横卷型】选项

单击【插入】选项卡【插图】选项组中的【形状】下拉按钮，选择【星与旗帜】列表中的【横卷型】选项。

3 选择一种样式

拖动鼠标绘制一个横卷型形状。然后单击【绘图工具】▶【格式】选项卡中【形状样式】选项组中的【其他】按钮，在弹出的列表中单击选择一种样式。

4 调整形状

在形状中添加文字，调整形状大小和位置后，效果如下图所示。

12.4.4 创建郁金香幻灯片

郁金香幻灯片一共有两张，一张是对郁金香的简介，另一张是创建郁金香花语幻灯片。

1. 创建郁金香简介

1 新建幻灯片

新建一张空白幻灯片，单击【插入】选项卡【文本】选项组中的【艺术字】按钮，在弹出的列表中选择一种艺术字。

2 调整文本框

在"请在此处放置您的文字"文本框中输入"花种三：郁金香"，并调整文本框位置。

3 插入横排文本框

插入一横排文本框后，输入郁金香简介，如下图所示。

4 插入文件

单击【插入】选项卡【图像】选项组中的【图片】按钮，在弹出的【插入图片】对话框中插入"素材\ch12\郁金香1.jpg"文件。

5 调整图片

调整图片大小和位置后，效果如下图所示。

2. 创建郁金香花语幻灯片

1 新建幻灯片

新建一张空白幻灯片，单击【插入】选项卡【图像】选项组中的【图片】按钮，插入"素材\ch12\郁金香2.jpg"文件。调整图片大小和位置后，如下图所示。

2 插入横排文本框

单击【插入】选项卡【文本】选项组中的【文本框】选项中的【横排文本框】。

3 输入郁金香花语

在文本框中输入郁金香花语。

4 设置字体

设置字体大小和字体样式后，效果如下图所示。

12.4.5 创建牡丹幻灯片

牡丹幻灯片一共有两张，一张是对牡丹的简介，另一张是创建牡丹花语幻灯片。

1. 创建牡丹简介

1 选择艺术字

新建一张空白幻灯片，单击【插入】选项卡【文本】选项组中的【艺术字】按钮，在弹出的列表中选择一种艺术字。

2 调整文本框位置

在"请在此处放置您的文字"文本框中输入"花种四：牡丹"，并调整文本框位置。

3 插入横排文本框

插入一横排文本框后，输入牡丹简介，如下图所示。

4 插入图片

单击【插入】选项卡【图像】选项组中的【图片】按钮，在弹出的【插入图片】对话框中插入"素材\ch12\牡丹1.jpg"文件。

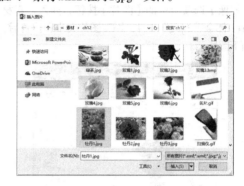

5 调整图片

调整图片大小和位置后，效果如下图所示。

2. 创建牡丹花语幻灯片

1 插入图片

新建一张空白幻灯片，单击【插入】选项卡【图像】选项组中的【图片】按钮，插入"素材\ch12\牡丹2.jpg"文件。调整图片大小和位置后，如图所示。

2 选择【混凝土】选项

单击【绘图工具】➤【格式】选项卡中【调整】选项组中的【艺术效果】下拉按钮，在弹出的列表中选择【混凝土】选项。

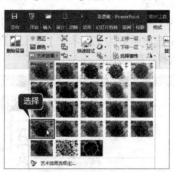

3 效果如下图所示

改变图片的艺术效果后如下图所示。

4 绘制云形标注

单击【插入】选项卡【插图】选项组中的【形状】下拉列表中选择【云形标注】选项，绘制一个云形标注，如下图所示。

5 设置文字

在柱形图中添加牡丹的花语内容后，设置文字字体样式，然后调整柱形图大小和位置后，效果如下图所示。

12.4.6 添加动画效果和切换效果

所有幻灯片创建完成，最后我们来给创建的幻灯片添加动画效果和切换效果。

1 选择动画效果

切换到第 1 张幻灯片中，然后选中"花语集"文本框，单击【动画】选项卡【动画】选项组中的【其他】按钮，在弹出动画效果列表中选择【进入】列表中的【浮入】选项。

2 添加动画效果

使用同样方法，为幻灯片中所有元素添加动画效果。

3 选择切换效果

选择第1张幻灯片，单击【切换】选项卡【切换到此幻灯片】选项组中的【其他】按钮，在弹出的切换效果列表中选择一种，例如，这里选择【推进】，单击即可将其应用到幻灯片上。

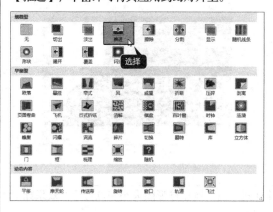

4 单击【保存】按钮

依次为其他幻灯片设置切换效果，设置后单击【保存】按钮即可。

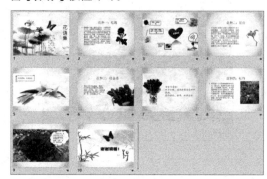

第13章

Office 2016 的共享与协作

 本章视频教学时间：51 分钟

Office 组件之间可以通过资源共享和相互协作，实现文档的分享及多人调用，以提高工作效率。使用 Office 组件间的共享与协作进行办公，可以发挥 Office 办公软件的最大能力。本章主要介绍 Office 2016 组件共享与协作的相关操作。

【学习目标】

通过本章的学习，可以掌握 Office 2016 组件共享与协作的方法。

【本章涉及知识点】

- Office 文件的共享
- 掌握 Word 2016 与其他组件协同应用的方法
- 掌握 Excel 2016 与其他组件协同应用的方法
- 掌握在 PowerPoint 中调用 Excel 工作表的方法
- 掌握保护 Office 2016 的方法

13.1 Office 2016的共享

 本节视频教学时间：14分钟

用户可以将Office文档存放在网络或其他存储设备中，便于更方便地查看和编辑Office文档；还可以通过跨平台、设备与其他人协作，共同编写论文、准备演示文稿、创建电子表格等。

13.1.1 保存到云端OneDrive

云端OneDrive是由微软公司推出的一项云存储服务，用户可以通过自己的Microsoft账户进行登录，并上传自己的图片、文档等到OneDrive中进行存储。无论身在何处，用户都可以访问OneDrive上的所有内容。

1. 将文档另存至云端OneDrive

下面以PowerPoint 2016为例介绍将文档保存到云端OneDrive的具体操作步骤。

1 打开素材	**2** 单击【下一步】按钮
打开随书光盘中的"素材\ch13\礼仪培训.pptx"文件。单击【文件】选项卡，在打开的列表中选择【另存为】选项，在【另存为】区域选择【OneDrive】选项，单击【登录】按钮。	弹出【登录】对话框，输入与Office一起使用的账户的电子邮箱地址，单击【下一步】按钮。
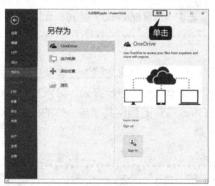	

3 单击【登录】按钮	**4** 单击【更多选项】连接
在弹出【登录】对话框中输入电子邮箱地址的密码，单击【登录】按钮。	此时即登录账号，在PowerPoint的右上角显示登录的账号名，在【另存为】区域单击【OneDrive-个人】选项，在右侧单击【更多选项】连接。
	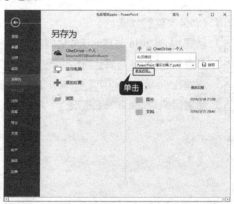

5 单击【保存】按钮

弹出【另存为】对话框，在对话框中选择文件要保存的位置，这里选择保存在OneDrive的【文档】目录下，单击【保存】按钮。

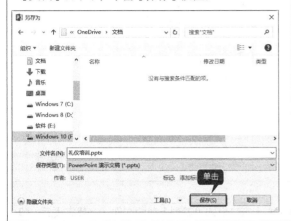

6 上载完毕

返回PowerPoint界面，在界面下方显示"正在等待上载"字样。上载完毕后即可将文档保存到OneDrive中。

7 查看保存的文件

打开电脑上的OneDrive文件夹，即可看到保存的文件。

提示

如果另一台电脑没有安装 Office 2016，可以登录到 OneDrive 网站 https://onedrive.live.com/，单击【文档】选项，即可查看到上传的文档。单击需要打开的文件，即可打开演示文稿。

2. 在电脑中将文档上传至OneDrive

用户可以直接打开【OneDrive】窗口上传文档，具体操作步骤如下。

1 打开【OneDrive】窗口

在【此电脑】窗口中选择【OneDrive】选项，或者在任务栏的【OneDrive】图标上单击鼠标右键，在弹出的快捷菜单中选择【打开你的OneDrive文件夹】选项，都可以打开【OneDrive】窗口。

2 复制粘贴文档

选择要上传的文档 "重要文件.docx"文件，将其复制并粘贴至【文档】文件夹或者直接拖曳文件至【文档】文件夹中。

3 刷新图标

在【文档】文件夹图标上即显示刷新图标。表明文档正在同步。

4 上载文档

在任务栏单击【上载中心】图标，在打开的【上载中心】窗口中即可看到上载的文件。上载完成后，即可使用上载的文档。

13.1.2 通过电子邮件共享

Office 2016还可以通过发送到电子邮件的方式进行共享，发送到电子邮件主要有【作为附件发送】、【发送链接】、【以PDF形式发送】、【以XPS形式发送】和【以Internet传真形式发送】5种形式。本节主要通过介绍以附件形式进行邮件发送，具体的操作步骤如下。

1 打开素材

打开随书光盘中的"素材\ch13\礼仪培训.pptx"文件。单击【文件】选项卡，在打开的列表中选择【共享】选项，在【共享】区域选择【电子邮件】选项，然后单击【作为附件发送】按钮。

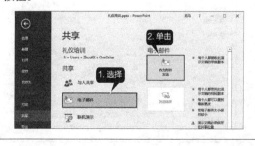

2 单击【发送】按钮

弹出【礼仪培训.pptx-邮件（HTML）】工作界面，在【附件】右侧的文本框中可以看到添加的附件，在【收件人】文本框中输入收件人的邮箱，单击【发送】按钮即可将文档作为附件发送。

13.1.3 局域网中的共享

局域网是在一个局部的范围内（如一个学校、公司和机关内），将各种计算机、外部设备和数据库等互相联接起来组成的计算机通信网。局域网可以实现文件管理、应用软件共享、打印机共享、扫描仪共享、工作组内的日程安排、电子邮件和传真通信服务等功能。

1 打开素材

打开随书光盘中的"素材\ch13\学生成绩登记表.xlsx"文件、单击【审阅】选项卡下【更改】选项组中的【共享工作簿】按钮 共享工作簿 。

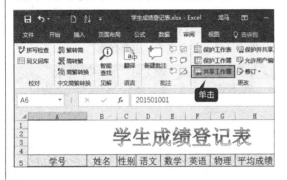

2 共享工作簿

弹出【共享工作簿】对话框，在对话框中单击选中【允许多用户同时编辑，同时允许工作簿合并】复选框，单击【确定】按钮。

3 弹出提示对话框

弹出【Microsoft Excel】提示对话框，单击【确定】按钮。

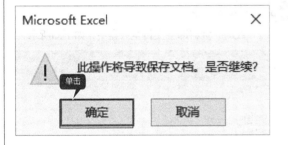

4 区域网共享状态

工作簿即处于在局域网中共享的状态，在工作簿上方显示"共享"字样。

5 单击【确定】按钮

单击【文件】选项卡，在弹出的列表中选择【另存为】选项，单击【浏览】按钮，即可弹出【另存为】对话框。在对话框的地址栏中输入该文件在局域网中的位置，单击【确定】按钮。

提示

将文件的所在位置通过电子邮件发送给共享该工作簿的用户，用户通过该文件在局域网中的位置即可找到该文件。

13.1.4 使用云盘同步重要数据

随着云技术的快速发展，各种云盘也争相竞夺，其中使用最为广泛的当属百度云管家、360云盘和腾讯微云三款软件，它们不仅功能强大，而且具备了很好的用户体验。上传、分享和下载是各类云盘最主要的功能，用户可以将重要数据文件上传到云盘空间，可以将其分享给其他人，也可以在不同的客户端下载云盘空间上的数据，方便了不同用户、不同客户端直接的交互，下面介绍百度云盘如何上传、分享和下载文件。

1 下载百度云管家

下载并安装【百度云管家】客户端后，在【此电脑】中，双击【百度云管家】图标，打开该软件。

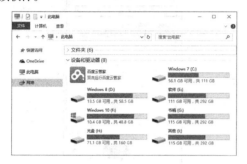

 提示

一般云盘软件均提供网页版，支持但是为了有更好的功能体验，建议安装客户端版。

2 新建分类目录

打开百度云管家客户端，在【我的网盘】界面中，用户可以新建目录，也可以直接上传文件，如这里单击【新建文件夹】按钮，新建一个分类的目录，并命名为"重要数据"。

3 选择重要资料

打开"重要数据"文件夹，选择要上传的重要资料，拖曳到客户端界面上。

 提示

用户也可以单击【上传】按钮，通过选择路径的方式，上传资料。

4 上传至云盘中

此时，资料即会上传至云盘中，如下图所示。

5 上传完毕

上传完毕后，将鼠标移动到想要分享的文件后面，就会出现【创建分享】标志 ◄。

> **提示**
>
> 也可以先选择要分享的文件或文件夹，单击菜单栏中的【分享】按钮。

6 创建私密链接

单击该标志，显示了分享的三种方式：公开分享、私密分享和发给好友。如果创建公开分享，该文件则会显示在分享主页，其他人都可下载。如果创建私密分享，系统会自动为每个分享链接生成一个提取密码，只有获取密码的人才能通过连接查看并下载私密共享的文件。如果发给好友，选择好友并发送即可。这里单击【私密分享】选项卡下的【创建私密链接】按钮。

7 发送内容

即可看到生成的链接和密码，单击【复制链接及密码】按钮，即可将复制的内容发送给好友进行查看。

8 取消分享文件

在【我的云盘】界面，单击【分类查看】按钮▤，并单击左侧弹出的分类菜单【我的分享】选项，弹出【我的分享】对话框，列出了当前分享的文件，带有 ▥ 标识，则表示为私密分享文件，否则为公开分享文件。勾选分享的文件，然后单击【取消分享】按钮，即可取消分享的文件。

9 下载文件

返回【我的网盘】界面，将鼠标移动到列表文件后面，会出现【下载】标志 ↓，单击该按钮，可将该文件下载到电脑中。

> **提示**
>
> 单击【删除】按钮▥，可将其从云盘中删除。另外单击【设置】按钮 ▾，可在【设置】▶【传输】对话框中，设置文件下载的位置和任务数等。

10 **单击【清除记录】按钮**

单击界面右上角的【传输列表】按钮 ，可查看下载和上传的记录，单击【打开文件】按钮 ，可查看该文件；单击【打开文件夹】按钮 ，可打开该文件所在的文件夹；单击【清除记录】按钮 ，可清除该文件传输的记录。

13.2 Word 2016与其他组件的协同

 本节视频教学时间：14分钟

在Word中不仅可以创建Excel工作表，而且可以调用已有的PowerPoint演示文稿，来实现资源的共用。

13.2.1 在Word中创建Excel工作表

在Word 2016中可以创建Excel工作表，这样不仅可以使文档的内容更加清晰，表达的意思更加完整，还可以节约时间，具体操作步骤如下。

1 **打开素材**

打开随书光盘中的"素材\ch13\创建Excel工作表.docx"文件，将鼠标光标定位至需要插入表格的位置，单击【插入】选项卡下【表格】选项组中的【表格】按钮，在弹出的下拉列表中选择【Excel电子表格】选项。

2 **返回 Word 文档**

返回Word文档，即可看到插入的Excel电子表格，双击插入的电子表格即可进入工作表的编辑状态。

3 **设置文字**

在Excel电子表格中输入如图所示数据，并根据需要设置文字及单元格样式。

4 选择【簇状柱形图】选项

选择单元格区域A2:E6，单击【插入】选项卡下【图表】组中的【插入柱形图】按钮，在弹出的下拉列表中选择【簇状柱形图】选项。

5 调整表格大小

即可在图表中插入下图所示的柱形图，将鼠标光标放置在图表上，当鼠标变为形状时，按住鼠标左键，拖曳图表区到合适位置，并根据需要调整表格的大小。

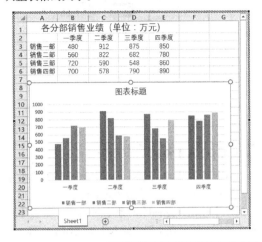

6 效果图

在图表区【图表标题】文本框中输入"各分部销售业绩"，并设置其【字体】为"华文楷体"、【字号】为"14"，单击Word文档的空白位置，结束表格的编辑状态，效果如下图所示。

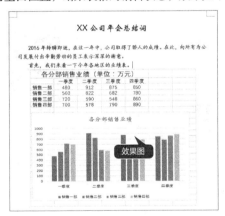

13.2.2 在Word中调用PowerPoint演示文稿

在Word中不仅可以直接调用PowerPoint演示文稿，还可以在Word中播放演示文稿，具体操作步骤如下。

1 打开素材

打开随书光盘中的"素材\ch13\Word调用PowerPoint.docx"文件，将鼠标光标定位在要插入演示文稿的位置。

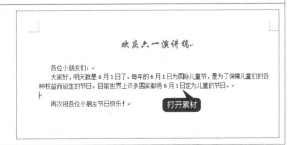

2　选择【对象】选项

单击【插入】选项卡下【文本】选项组中【对象】按钮右侧的下拉按钮，在弹出列表中选择【对象】选项。

3　单击【浏览】按钮

弹出【对象】对话框，选择【由文件创建】选项卡，单击【浏览】按钮。

4　单击【插入】按钮

在打开的【浏览】对话框中选择随书光盘中的"素材\ch13\六一儿童节快乐.pptx"文件，单击【插入】按钮，返回【对象】对话框，单击【确定】按钮，即可在文档中插入所选的演示文稿。

5　插入 PowerPoint 演示文稿

插入PowerPoint演示文稿后，拖曳演示文稿四周的控制点可调整演示文稿的大小。在演示文稿中单击鼠标右键，在弹出的快捷菜单中选择【"演示文稿"对象】▶【显示】选项。

6　效果图

即可播放幻灯片，效果如图所示。

13.2.3　在Word中使用Access数据库

在日常生活中，经常需要处理大量的通用文档，这些文档的内容既有相同的部分，又有格式不同的标识部分。例如通讯录，表头一样，但是内容不同，此时如果我们能够使用Word的邮件合并功能，就可以将二者有效地结合起来，其具体的操作步骤如下。

1 打开素材

打开随书光盘中的"素材\ch13\使用Access数据库.docx"文件，单击【邮件】选项卡下选项组中【选择收件人】按钮 ，在弹出的下拉列表中选择【使用现有列表】选项。

2 单击【打开】按钮

在打开的【选取数据源】对话框中，选择随书光盘中的"素材\ch13\通讯录.accdb"文件，然后单击【插入】按钮。

3 选择【姓名】选项

将鼠标定位在第2行第1个单元格中，然后单击【邮件】选项卡【编写和插入域】选项组中的【插入合并域】按钮，在弹出的下拉列表中选择【姓名】选项，结果如下图所示。

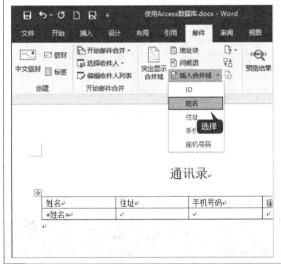

4 编辑单个文档

根据表格标题，依次将第1条"通讯录.accdb"文件中的数据填充至表格中，然后单击【完成并合并】按钮 ，在弹出的下拉列表中选择【编辑单个文档】选项。

5 单击【确定】按钮

弹出【合并到新文档】对话框，单击选中【全部】单选按钮，然后单击【确定】按钮。

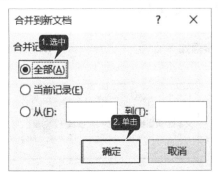

6 生成文档

此时，新生成一个名称为"信函1"的文档，该文档对每人的通讯录分页显示。

7 选择【分节符】命令

此时，我们可以使用替换命令，将分页符替换为换行符。在【查找和替换】对话框中，将光标定位在【查找内容】文本框中，单击【特殊格式】按钮，在弹出的列表中选择【分节符】命令。

8 单击【全部替换】按钮

使用同样的方法在【替换为】本框中选择【段落标记】命令，然后单击【全部替换】按钮。

9 单击【确定】按钮

弹出【Microsoft Word】对话框，单击【确定】按钮。

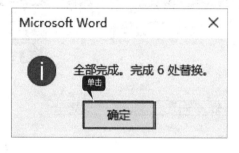

10 最终效果图

最终效果如下图所示。

13.3 Excel 2016与其他组件的协同

 本节视频教学时间：5分钟

在Excel工作簿中可以调用Word文档、PowerPoint演示文稿以及其他文本文件数据。

13.3.1 在Excel中调用PowerPoint演示文稿

在Excel 2016中调用PowerPoint演示文稿的具体操作步骤如下 。

1 新建 Excel 工作表

新建一个Excel工作表，单击【插入】选项卡下【文本】选项组中【对象】按钮。

2 单击【确定】按钮

弹出【对象】对话框，选择【由文件创建】选项卡，单击【浏览】按钮，在打开的【浏览】对话框中选择将要插入的PowerPoint演示文稿，此处选择随书光盘中的"素材\ch13\统计报告.pptx"文件，然后单击【插入】按钮，返回【对象】对话框，单击【确定】按钮。

3 调整演示文稿位置

此时就在文档中插入了所选的演示文稿。插入PowerPoint演示文稿后，还可以调整演示文稿的位置和大小。

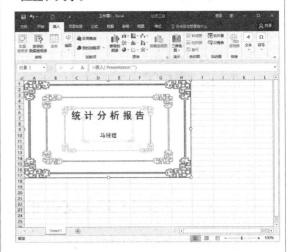

4 播放插入文稿

双击插入的演示文稿，即可播放插入的演示文稿。

13.3.2 导入Access数据库

通过导入数据库，可以不必重复地在Excel中键入数据，也可以在每次更新数据库时，自动通过原始源数据库中的数据来更新Excel报表，在Excel中导入Access数据库的具体的操作步骤如下。

1 打开素材

打开随书光盘中的"素材\ch13\导入Access数据库.xlsx"文件，选择A2单元格，然后单击【数据】选项卡下【获取外部数据】选项组中的【自Access】按钮。

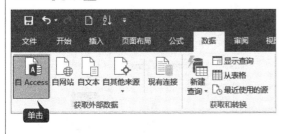

2 单击【打开】按钮

在弹出的【选取数据源】对话框中，选择"素材\ch13\通讯录.accdb"文件，单击【打开】按钮。

3 单击【确定】按钮

在打开的【导入数据】对话框中，各项设置为默认选项，然后单击【确定】按钮。

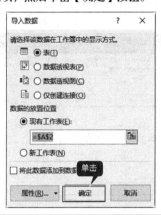

4 效果图

导入Access数据后的效果如下图所示。

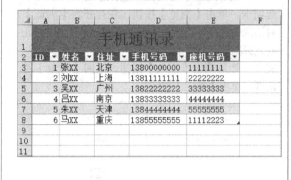

13.3.3 导入来自文本文件的数据

在Excel 2016中还可以导入Access文件数据、网站数据、文本数据、SQL Server 数据库数据以及XML数据等。在Excel 2016中导入文本数据的具体操作步骤如下。

1 新建 Excel 工作表

新建一个Excel工作表，将其保存为"导入来自文件的数据.xlsx"，单击【数据】选项卡下【获取外部数据】选项组中【自文本】按钮。

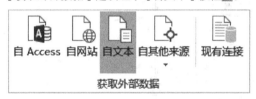

2 单击【导入】按钮

弹出【导入文本文件】对话框中，选择"素材\ch13\成绩表.txt"文件，单击【导入】按钮。

3 选中【分隔符号】按钮

弹出【文本导入向导–第1步，共3步】对话框，选中【分隔符号】单选按钮，单击【下一步】按钮。

4 单击【下一步】按钮

弹出【文本导入向导–第2步，共3步】对话框，撤销选中【Tab键】复选框，单击选中【逗号】复选框，单击【下一步】按钮。

5	单击【完成】按钮

弹出【文本导入向导–第3步，共3步】对话框，选中【文本】单选项，单击【完成】按钮。

6	单击【确定】按钮

在弹出的【导入数据】对话框中单击【确定】按钮，即可将文本文件中的数据导入Excel 2016中。

	A	B	C	D	E	F
1	姓名	学号	高等数学	大学英语	大学物理	专业课
2	张XX	20132120101	90	98	96	92
3	胡XX	20132120102	86	98	85	86
4	马XX	20132120103	86	87	59	67
5	王XX	20132120104	85	84	76	93
6						
7						
8						
9						
10						
11						
12						
13						
14						

13.4 在PowerPoint中调用Excel工作表

本节视频教学时间：5分钟

在Excel 2016中调用PowerPoint演示文稿的具体操作步骤如下。

1	打开素材

打开随书光盘中的"素材\ch13\调用Excel工作表.pptx"文件，选择第2张幻灯片，然后单击【新建幻灯片】按钮，在弹出的下拉列表中选择【仅标题】选项。

2	设置文本颜色

新建一张标题幻灯片，在【单击此处添加标题】文本框中输入"各店销售情况"，并设置【文本颜色】为"红色"。

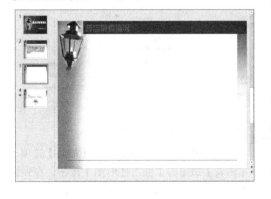

3	单击【浏览】按钮

单击【插入】选项卡下【文本】组中的【对象】按钮，弹出【插入对象】对话框，单击选中【由文件创建】单选项，然后单击【浏览】按钮。

4	单击【确定】按钮

在弹出的【浏览】对话框中选择随书光盘中的"素材\ch13\销售情况表.xlsx"文件，然后单击【确定】按钮，返回【插入对象】对话框，单击【确定】按钮。

5 调整表格大小

此时就在演示文稿中插入了Excel表格，双击表格，进入Excel工作表的编辑状态，调整表格的大小。

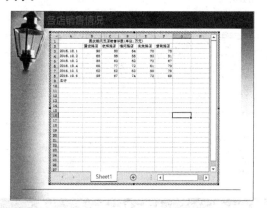

6 选择【SUM】函数

单击B9单元格，单击编辑栏中的【插入函数】按钮，弹出【插入函数】对话框，在【选择函数】列表框中选择【SUM】函数，单击【确定】按钮。

7 输入"B3:B8"

弹出【函数参数】对话框，在【Number1】文本框中输入"B3:B8"，单击【确定】按钮。

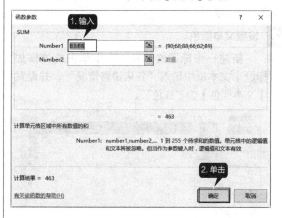

8 计算各店总销售额

此时就在B9单元格中计算出了总销售额，填充C9:F9单元格区域，计算出各店总销售额。

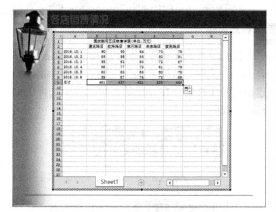

9 选择【簇状柱形图】选项

选择单元格区域A2:F8，单击【插入】选项卡下【图表】组中的【插入柱形图】按钮，在弹出的下拉列表中选择【簇状柱形图】选项。

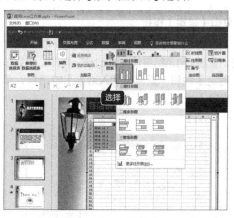

10 最终效果

插入柱形图后，设置图表的位置和大小，并根据需要美化图表。最终效果如下图所示。

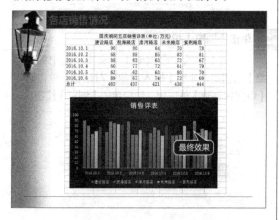

13.5 Office 2016的保护

 本节视频教学时间：7分钟

如果用户不想制作好的文档被别人看到或修改，可以将文档保护起来。常用的保护文档的方法有标记为最终状态、用密码进行加密、限制编辑等。

13.5.1 标记为最终状态

"标记为最终状态"命令可将文档设置为只读，以防止审阅者或读者无意中更改文档。在将文档标记为最终状态后，键入、编辑命令以及校对标记都会禁用或关闭，文档的"状态"属性会设置为"最终"，具体操作步骤如下。

1 打开素材

打开随书光盘中的"素材\ch13\食品营养报告.pptx"文件。

2 选择【标记为最终状态】选项

单击【文件】选项卡，在打开的列表中选择【信息】选项，在【信息】区域单击【保护文档】按钮，在弹出的下拉菜单中选择【标记为最终状态】选项。

3 保存终稿

弹出【Microsoft PowerPoint】对话框，提示该文档将被标记为终稿并被保存，单击【确定】按钮。

4 单击【确定】按钮

再次弹出【Microsoft PowerPoint】提示框，单击【确定】按钮。

5 标记最终状态

返回PowerPoint页面，该文档即被标记为最终状态，以只读形式显示。

 提示

单击页面上方的【仍然编辑】按钮，可以对文档进行编辑。

13.5.2 用密码进行加密

在Microsoft Office中，可以使用密码阻止其他人打开或修改文档、工作簿和演示文稿。用密码加密的具体操作步骤如下。

1 打开素材

打开随书光盘中的"素材\ch13\食品营养报告.pptx"文件，单击【文件】选项卡，在打开的列表中选择【信息】选项，在【信息】区域单击【保护文档】按钮，在弹出的下拉菜单中选择【用密码进行加密】选项。

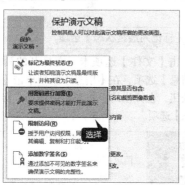

2 输入密码

弹出【加密文档】对话框，输入密码，这里设置密码为"123456"，单击【确定】按钮。

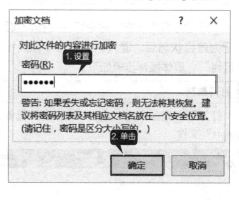

3 确认密码

弹出【确认密码】对话框，再次输入密码，单击【确定】按钮。

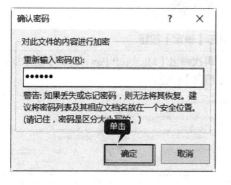

4 对文档加密

此时就为文档使用密码进行了加密。在【信息】区域内显示已加密。

5 单击【确定】按钮

再次打开文档时，将弹出【密码】对话框，输入密码后单击【确定】按钮。

6 打开文档

此时就打开了文档。

13.5.3 限制编辑

限制编辑是指控制其他人可对文档进行哪些类型的更改。限制编辑提供了三种选项：格式设置限制可以有选择地限制格式编辑选项，用户可以单击其下方的"设置"进行格式选项自定义；编辑限制可以有选择地限制文档编辑类型，包括"修订""批注""填写窗体"以及"不允许任何更改（只读）"；启动强制保护可以通过密码保护或用户身份验证的方式保护文档，此功能需要信息权限管理（IRM）的支持。为文档添加限制编辑的具体操作步骤如下。

1 打开素材

打开随书光盘中的"素材\ch13\招聘启事.docx"文件，单击【文件】选项卡，在打开的列表中选择【信息】选项，在【信息】区域单击【保护文档】按钮，在弹出的下拉菜单中选择【限制编辑】选项。

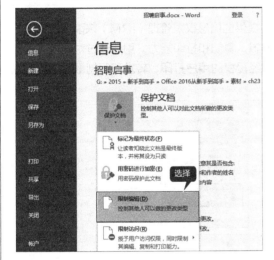

2 选择修改类型

在文档的右侧弹出【限制编辑】窗格，单击选中【仅允许在文档中进行此类型的编辑】复选框，单击【不允许任何更改（只读）】文本框右侧的下拉按钮，在弹出的下拉列表中选择允许修改的类型，这里选择【不允许任何更改（只读）】选项。

3 单击【限制编辑】窗格

单击【限制编辑】窗格中的【是，启动强制保护】按钮。

4 单击【确定】按钮

弹出【启动强制保护】对话框，在对话框中单击选中【密码】单选项，输入新密码及确认新密码，单击【确定】按钮。

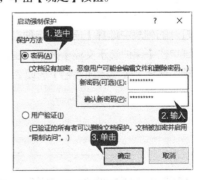

提示

如果单击选中【用户验证】单选项，已验证的所有者可以删除文档保护。

| 5 | 添加限制编辑 | | 6 | 单击【停止保护】按钮 |

此时就为文档添加了限制编辑。当阅读者想要修改文档时，在文档下方显示【由于所选内容已被锁定，您无法进行此更改】字样。

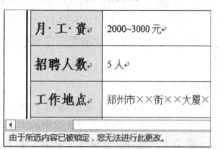

如果用户想要取消限制编辑，在【限制编辑】窗格中单击【停止保护】按钮即可。

13.5.4 限制访问

限制访问是指通过使用Microsoft Office 2016中提供的信息权限管理（IRM）来限制对文档、工作簿和演示文稿中的内容的访问权限，同时限制其编辑、复制和打印能力。用户通过对文档、工作簿、演示文稿和电子邮件等设置访问权限，可以防止未经授权的用户打印、转发和复制敏感信息，以保证文档、工作簿、演示文稿等的安全。

设置限制访问的方法是：单击【文件】选项卡，在打开的列表中选择【信息】选项，在【信息】区域单击【保护演示文稿】按钮，在弹出的下拉菜单中选择【限制访问】选项。

13.5.5 数字签名

数字签名是电子邮件、宏或电子文档等数字信息上的一种经过加密的电子身份验证戳，用于确认宏或文档来自数字签名本人且未经更改。添加数字签名可以确保文档的完整性，从而进一步保证文档的安全。用户可以在Microsoft官网上获得数字签名。

添加数字签名的方法是：单击【文件】选项卡，在打开的列表中选择【信息】选项，在【信息】区域单击【保护演示文稿】按钮，在弹出的下拉菜单中选择【数字添加签名】选项。

13.6 取消保护

 本节视频教学时间：3分钟

用户对Office文件设置保护后，还可以取消保护。取消保护包括取消文件最终标记状态、删除密码等。

1. 取消文件最终标记状态

取消文件最终标记状态的方法是：打开标记为最终状态的文档，单击【文件】选项卡，在打开的列表中选择【信息】选项，在【信息】区域单击【保护演示文稿】按钮，在弹出的下拉菜单中选择【标记为最终状态】选项即可取消最终标记状态。

2. 删除密码

对 Office 文件使用密码加密后还可以删除密码，具体操作步骤如下。

1　单击【浏览】按钮

打开设置密码的文档。单击【文件】选项卡，在打开的列表中选择【另存为】选项，在【另存为】区域选择【这台电脑】选项，然后单击【浏览】按钮。

2　选择【常规选项】选项

打开【另存为】对话框，选择文件的另存位置，单击【另存为】对话框下方的【工具】按钮，在弹出的下拉列表中选择【常规选项】选项。

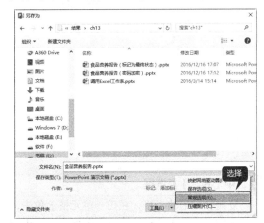

3　单击【确定】按钮

打开【常规选项】对话框，在该对话框中显示了打开文件时的密码，删除密码，单击【确定】按钮。

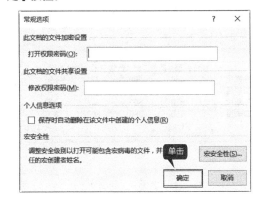

4　单击【保存】按钮

返回【另存为】对话框，单击【保存】按钮，另存后的文档就已经删除了密码。

提示

用户也可以再次选择【保护文档】中的【用密码加密】选项，在弹出的【加密文档】对话框中删除密码，单击【确定】按钮即可删除文档设定的密码。

高手私房菜

技巧：用Word和Excel实现表格的行列转置

在用Word制作表格时经常会遇到将表格的行与列转置的情况，具体操作步骤如下。

1 选择【复制】命令

在Word中创建表格，然后选定整个表格，单击鼠标右键，在弹出的快捷菜单中选择【复制】命令。

2 选择【文本】选项

打开Excel表格，在【开始】选项卡下【剪贴板】选项组中选择【粘贴】➤【选择性粘贴】选项，在弹出的【选择性粘贴】对话框中选择【文本】选项，单击【确定】按钮。

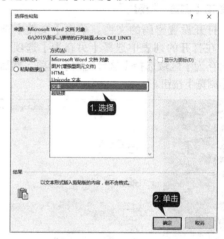

3 选中【转置】复选框

复制粘贴后的表格，在任一单元格上单击，选择【粘贴】➤【选择性粘贴】选项，在弹出的【选择性粘贴】对话框中选中【转置】复选框。

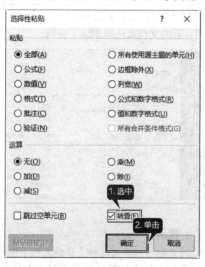

4 单击【确定】按钮

单击【确定】按钮，即可将表格行与列转置，最后将转置后的表格复制到Word文档中即可。

	A	B	C	D	E	F
1		一季度	二季度	三季度	四季度	
2	销售一部	480	912	875	850	
3	销售二部	560	822	682	780	
4	销售三部	720	590	548	860	
5	销售四部	700	578	790	890	
6						
7						
8						
9		销售一部	销售二部	销售三部	销售四部	
10	一季度	480	560	720	700	
11	二季度	912	822	590	578	
12	三季度	875	682	548	790	
13	四季度	850	780	860	890	
14						
15						

第 14 章

Office 的跨平台应用
——移动办公

 本章视频教学时间：20 分钟

使用移动设备可以随时随地进行办公，轻轻松松甩掉繁重的工作。本章介绍如何将电脑中的文件快速传输至移动设备中，以及使用手机、平板电脑等移动设备办公的方法。

【学习目标】

通过本章的学习，可以掌握 Office 2016 跨平台使用的方法。

【本章涉及知识点】

将文件传输到移动设备的方法
使用移动设备修改文档的方法
使用移动设备制作报表的方法
使用移动设备制作 PPT 的方法

14.1 移动办公概述

 本节视频教学时间：5分钟

　　"移动办公"也可以称作为"3A办公"，即任何时间（Anytime）、任何地点（Anywhere）和任何事情（Anything）。这种全新的办公模式，可以让办公人员摆脱时间和地点的束缚，利用手机和电脑互联互通的企业软件应用系统，随时随地进行随身化的公司管理和沟通，大大提高了工作效率。

　　移动办公使得工作更简单，更节省时间，只需要一部智能手机或者平板电脑就可以随时随地进行办公。

　　无论是智能手机，还是笔记本电脑，或者平板电脑等，只要支持办公可使用的操作软件，均可以实现移动办公。

　　首先，了解一下移动办公的优势都有哪些。

1. 操作便利简单

　　移动办公既不需要电脑，只需要一部智能手机或者平板电脑，便于携带，操作简单，也不用拘泥于办公室里，即使下班也可以方便地处理一些紧急事务。

2. 处理事务高效快捷

　　使用移动办公，办公人员无论出差在外，还是正在上班的路上甚至是休假时间，都可以及时审批公文，浏览公告，处理个人事务等。这种办公模式将许多不可利用的时间有效利用起来，不知不觉中就提高了工作效率。

3. 功能强大且灵活

　　由于移动信息产品发展得很快，以及移动通信网络的日益优化，所以很多要在电脑上处理的工作都可以通过移动办公的手机终端来完成，移动办公的功能堪比电脑办公。同时，针对不同行业领域的业务需求，可以对移动办公进行专业的定制开发，可以灵活多变地根据自身需求自由设计移动办公的功能。

　　移动办公通过多种接入方式与企业的各种应用进行连接，将办公的范围无限扩大，真正地实现了移动办公模式。移动办公的优势是可以帮助企业提高员工的办事效率，还能帮助企业从根本上降低营运的成本，进一步推动企业的发展。

　　能够实现移动办公的设备必须具有以下几点特征。

1. 完美的便携性

　　移动办公设备如手机，平板电脑和笔记本（包括超级本）等均适合用于移动办公，由于设备较小，便于携带，打破了空间的局限性，不用一直待在办公室里，在家里、在车上都可以办公。

2. 系统支持

　　要想实现移动办公，必须具有办公软件所使用的操作系统，如iOS操作系统、Windows Mobile操作系统、Linux操作系统、Android操作系统和BlackBerry操作系统等具有扩展功能的系统设备。现在流行的苹果手机、三星智能手机、iPad平板电脑以及超级本等都可以实现移动办公。

3. 网络支持

　　很多工作都需要在连接有网络的情况下进行，如将办公文件传递给朋友、同事或上司等，所以网络的支持必不可少。目前最常用的网络有2G网络、3G网络及Wi-Fi无线网络等。

14.2 将办公文件传输到移动设备

本节视频教学时间：4分钟

将办公文件传输到移动设备中，方便携带，还可以随时随地进行办公。

1. 将移动设备作为U盘传输办公文件

可以将移动设备以U盘的形式使用数据线连接至电脑USB接口，此时，双击电脑桌面中的【此电脑】图标，打开【此电脑】对话框。双击手机图标，打开手机存储设备，然后将文件复制并粘贴至该手机内存设备中即可。下图所示为识别的iPhone图标。安卓设备与iOS设备操作类似。

2. 借助同步软件

通过数据线或者借由Wi-Fi网络，在电脑中安装同步软件，然后将电脑中的数据下载至手机中，安卓设备主要借用360手机助手等，iOS设备使用iTunes软件实现。如下图所示为使用360手机助手连接至手机后，直接将文件拖入【发送文件】文本框中即可实现文件传输。

3. 使用QQ传输文件

在移动设备和电脑中登录同一QQ账号，在QQ主界面【我的设备】中双击识别的移动设备，在打开的窗口中可直接将文件拖曳至窗口中，实现将办公文件传输到移动设备。

4. 将文档备份到OneDrive

可以直接将办公文件保存至OneDrive，然后使用同一账号在移动设备中登录OneDrive，实现电脑与手机文件的同步。

1 打开【OneDrive】窗口

在【此电脑】窗口中选择【OneDrive】选项，或者在任务栏的【OneDrive】图标上单击鼠标右键，在弹出的快捷菜单中选择【打开你的OneDrive文件夹】选项。都可以打开【OneDrive】窗口。

2 拖曳文件

选择要上传的文档 "工作报告.docx" 文件，将其复制并粘贴至【文档】文件夹或者直接拖曳文件至【文档】文件夹中。

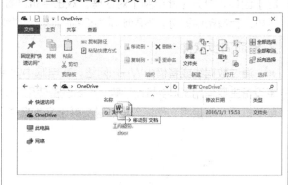

3 刷新图标

在【文档】文件夹图标上即显示刷新图标。表明文档正在同步。

4 上载完成

上载完成，即可在打开的文件夹中看到上载的文件。

5 选择【文件】选项

在手机中下载并登录OneDrive，进入OneDrive界面，选择要查看的文件，这里选择【文件】选项，即可看到OneDrive中的文件。

6 单击【文档】文件夹

单击【文档】文件夹，即可显示所有的内容。

14.3 使用移动设备修改文档

 本节视频教学时间：3分钟

移动信息产品的快速发展，移动通信网络的普及，只需要一部智能手机或者平板电脑就可以随时随地进行办公，使得工作更简单、更方便。

微软推出了支持Android 手机、iPhone、iPad以及Windows Phone上运行的Microsoft Word、Microsoft Excel和Microsoft PowerPoint组件，用户需要选择适合自己手机或平板的组件即可编辑文档。

本节以支持Android 手机的Microsoft Word为例，介绍如何在手机上修改Word文档。

1 打开素材

下载并安装Microsoft Word软件。将随书光盘中的"素材\ch14\工作报告.docx"文档存入电脑的OneDrive文件夹中，同步完成后，在手机中使用同一账号登录并打开OneDrive，找到并单击"工作报告.docx"文档存储的位置，即可使用Microsoft Word打开该文档。

2 单击【倾斜】按钮

打开文档，单击界面上方的按钮，全屏显示文档，然后单击【编辑】按钮，进入文档编辑状态，选择标题文本，单击【开始】面板中的【倾斜】按钮，是标题以斜体显示。

3 添加底纹

单击【突出显示】按钮，可自动为标题添加底纹，突出显示标题。

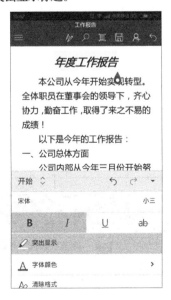

4 单击【表格】按钮

单击【开始】面板，在打开的列表中选择【插入】选项，切换至【插入】面板。此外，用户还可以打开【布局】、【审阅】以及【视图】面板进行操作。进入【插入】面板后，选择要插入表格的位置，单击【表格】按钮。

5 输入表格内容

　　完成表格的插入，单击▾按钮，隐藏【插入】面板，选择插入的表格，在弹出的输入面板中输入表格内容。

6 选择表格样式

　　再次单击【编辑】按钮，进入编辑状态，选择【表格样式】选项，在弹出的【表格样式】列表中选择一种表格样式。

7 单击【保存】按钮

　　即可看到设置表格样式后的效果，编辑完成，单击【保存】按钮即可完成文档的修改。

14.4 使用移动设备制作销售报表

本节视频教学时间：3分钟

　　本节以支持Android 手机的Microsoft Excel为例，介绍如何在手机上制作销售报表。

1 打开素材

下载并安装Microsoft Excel软件，将"素材\ch14\销售报表.xlsx"文档存入电脑的OneDrive文件夹中，同步完成后，在手机中使用同一账号登录并打开OneDrive，单击"销售报表.xlsx"文档，即可使用Microsoft Excel打开该工作簿，选择D3单元格，单击【插入函数】按钮 *fx*，输入"="，然后将选择函数面板折叠。

2 计算结果

按【C3】单元格，并输入"*"，然后再按【B3】单元格，单击 按钮，即可得出计算结果。使用同样的方法计算其他单元格中结果。

3 单击【编辑】按钮

选中E3单元格，单击【编辑】按钮，在打开的面板中选择【公式】面板，选择【自动求和】公式，并选择要计算的单元格区域，单击 按钮，即可得出总销售额。

4 插入图表

选择任意一个单元格，单击【编辑】按钮。在底部弹出的功能区选择【插入】➤【图表】➤【柱形图】选项，选择插入的图表类型和样式，即可插入图表。

5 调整图表位置和大小

如下图即可看到插入的图表，用户可以根据需求调整图表的位置和大小。

14.5 使用移动设备制作PPT

 本节视频教学时间：3分钟

本节以支持Android 手机的Microsoft PowerPoint为例，介绍如何在手机上创建并编辑PPT。

1 选择【离子】选项

打开Microsoft PowerPoint软件，进入其主界面，单击顶部的【新建】按钮。进入【新建】页面，可以根据需要创建空白演示文稿，也可以选择下方的模板创建新演示文稿。这里选择【离子】选项。

2 输入相关内容

即可开始下载模板，下载完成，将自动创建一个空白演示文稿。然后根据需要在标题文本占位符中输入相关内容。

3 设置为右对齐

单击【编辑】按钮，进入文档编辑状态，在【开始】面板中根据设置副标题的字体大小，并将其设置为右对齐。

4 新建幻灯片

单击屏幕右下方的【新建】按钮，新建幻灯片页面，然后删除其中的文本占位符。

5 选择图片

再次单击【编辑】按钮，进入文档编辑状态，选择【插入】选项，打开【插入】面板，单击【图片】选项，选择图片存储的位置并选择图片。

6 编辑效果图

即可完成图片的插入，在打开的【图片】面板中可以对图片进行样式、裁剪、旋转以及移动等编辑操作，编辑完成，即可看到编辑图片后的效果。

7 单击【保存】选项

使用同样的方法还可以在PPT中插入其他的文字、表格、设置切换效果以及放映等操作，与在电脑中使用Office 办公软件类似，这里不再详细赘述，制作完成之后，单击【菜单】按钮，并单击【保存】选项，在【保存】界面选择【重命名此文件】选项，并设置名称为"销售报告"，就完成了PPT的保存。

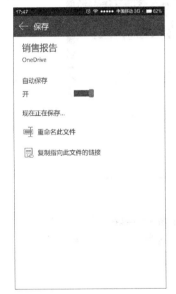

 高手私房菜

技巧：使用手机邮箱发送办公文档

使用手机、平板电脑可以将编辑好的文档发送给领导或者好友，这里以手机发送PowerPoint演示文稿为例进行介绍。

1 单击【共享】选项

工作簿制作完成之后，单击【菜单】按钮▤，并选择【共享】选项。

2 选择【作为附件共享】选项

在打开的【共享】选择界面选择【作为附件共享】选项。

3 选择【演示文稿】选项

打开【作为附件共享】界面，选择【演示文稿】选项。

4 选择共享方式

在打开的选择界面选择共享方式，这里选择【电子邮件】选项。

5 单击【发送】按钮

在【电子邮件】窗口中输入收件人的邮箱地址，并输入邮件正文内容，单击【发送】按钮，即可将办公文档以附件的形式发送给他人。